常用建筑工程预算员速查手册

第 2 版

褚振文　编

机械工业出版社
CHINA MACHINE PRESS

本书主要内容包括：工程造价编制基础资料，预算定额常用系数，钢筋计算规定、常用系数及数据，钢材重量，管材理论重量，房屋建筑工程用图例及代号等。

本书为建筑工程预算人员的常用简明工具手册，可供建筑工程预算编制人员、预算审核人员和施工技术人员使用。

图书在版编目（CIP）数据

常用建筑工程预算员速查手册/褚振文编．—2版．—北京：机械工业出版社，2015.6（2024.2重印）

ISBN 978-7-111-49840-7

Ⅰ．①常…　Ⅱ．①褚…　Ⅲ．①建筑预算定额-手册　Ⅳ．①TU723.3-62

中国版本图书馆CIP数据核字（2015）第067238号

机械工业出版社（北京市百万庄大街22号 邮政编码100037）
策划编辑：闫云霞　责任编辑：闫云霞
责任校对：刘志文　封面设计：路恩中
责任印制：郜　敏
北京富资园科技发展有限公司印刷
2024年2月第2版第5次印刷
203mm×140mm・3.25印张・80千字
标准书号：ISBN 978-7-111-49840-7
定价：19.80元

电话服务	网络服务
客服电话：010-88361066	机工官网：www.cmpbook.com
010-88379833	机工官博：weibo.com/cmp1952
010-68326294	金书网：www.golden-book.com
封底无防伪标均为盗版	机工教育服务网：www.cmpedu.com

目　　录

1　工程造价编制基础资料

1.1　常用求面积、体积公式

1.1.1　常用求面积公式

常用求面积公式

图形		尺寸符号	面积(A) 表面积(S)	重心(G)
正方形	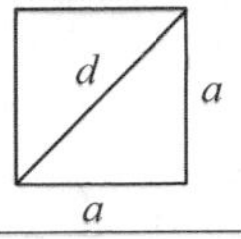	a——边长 d——对角线	$A=a^2$ $a=\sqrt{A}=0.707d$ $d=1.414a=1.414\sqrt{A}$	在对角线交点上
长方形	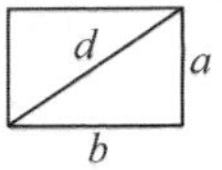	a——短边 b——长边 d——对角线	$A=ad$ $d=\sqrt{a^2+b^2}$	在对角线交点上
三角形	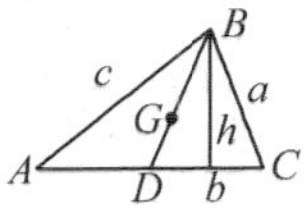	h——高 a、b、c——对应于角 A、角 B、角 C 的边长	$A=\dfrac{bh}{2}=\dfrac{1}{2}ab\sin C$	$GD=\dfrac{1}{3}BD$ $CD=DA$

（续）

图形		尺寸符号	面积(A) 表面积(S)	重心(G)
平行四边形	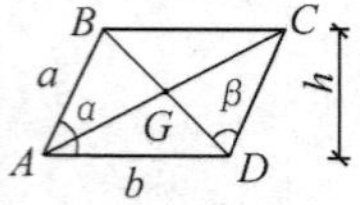	a、b——邻边 h——对边间的距离	$A=bh=ab\sin\alpha$ $=\dfrac{AC\cdot BD}{2}\sin\beta$	对角线交点上
梯形	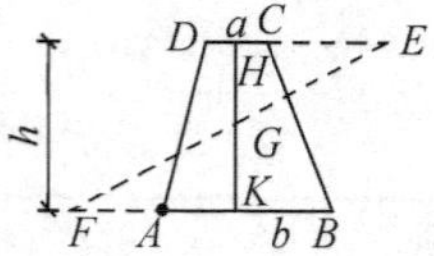	$GE=AB$ $AF=CD$ $a=CD$(上底边) $b=AB$(下底边) h——高	$A=\dfrac{a+b}{2}h$	$HG=\dfrac{h}{3}\dfrac{a+2b}{a+b}$ $KG=\dfrac{h}{3}\dfrac{2a+b}{a+b}$
圆形	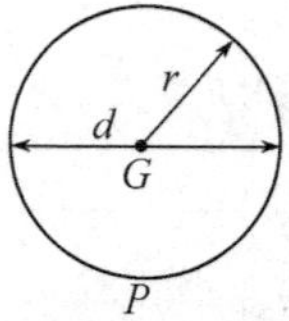	r——半径 d——直径 P——圆周长	$A=\pi r^2=\dfrac{1}{4}\pi d^2$ $=0.785d^2$ $=0.07958P^2$ $P=\pi d$	在圆心上
椭圆形	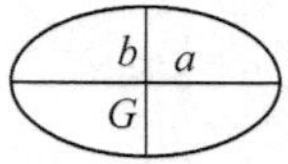	a、b——主轴	$A=\dfrac{\pi}{4}ab$	在主轴交点 G 上

（续）

图形		尺寸符号	面积(A) 表面积(S)	重心(G)
扇形	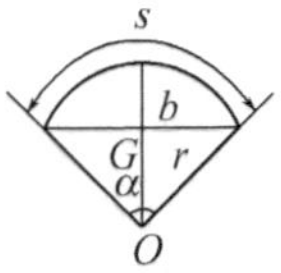	r——半径 s——弧长 α——弧 s 的对应中心角	$A=\frac{1}{2}rs=\frac{\alpha}{360}\pi r^2$ $s=\frac{\alpha\pi}{180}r$	$GO=\frac{2}{3}\frac{rb}{s}$ 当 $\alpha=90°$时， $GO=\frac{4}{3}\frac{\sqrt{2}}{\pi}r\approx0.6r$
圆环	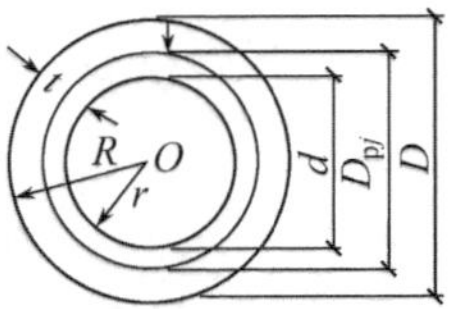	R——外半径 r——内半径 D——外直径 d——内直径 t——环宽 D_{pj}——平均直径	$A=\pi(R^2-r^2)$ $=\frac{\pi}{4}(D^2-d^2)$ $=\pi D_{pj}t$	在圆心 O 上
弓形	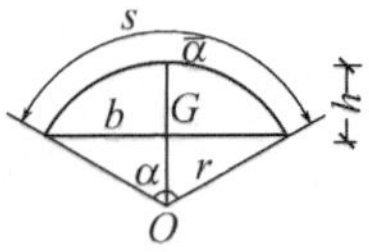	r——半径 s——弧长 α——中心角 b——弦长 $\bar{\alpha}$=弧度	$A=\frac{1}{2}r^2\left(\frac{\alpha\pi}{180}-\sin\alpha\right)$ $=\frac{1}{2}[r(s-b)+bh]$ $s=r\alpha\frac{\pi}{180}=0.0175r\alpha$ $h=r-\sqrt{r-\frac{1}{4}\bar{\alpha}^2}$ 180°=3.1416 弧度	$GO=\frac{1}{12}\frac{b^2}{\alpha}$ 当 $\alpha=180°$时， $GO=\frac{4r}{3\pi}=0.4244r$

（续）

<table>
<tr><th colspan="2">图　形</th><th>尺寸符号</th><th>面积(A)
表面积(S)</th><th>重心(G)</th></tr>
<tr><td>抛物线形</td><td>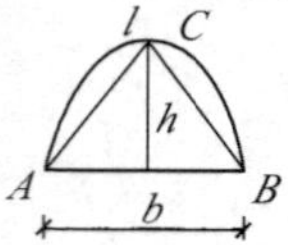</td><td>b——底边
h——高
l——曲线长</td><td>$l=b\left[1+0.16458\left(\frac{4h}{b}\right)^2-0.01693\left(\frac{4h}{b}\right)^4\right]$
$=\sqrt{b^2+1.3333h^2}$
$A=\frac{2}{3}bh=\frac{4}{3}S$</td><td></td></tr>
<tr><td>等边多边形</td><td>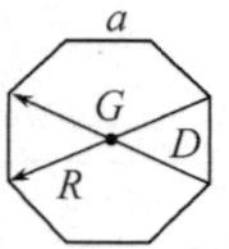</td><td>a——边长
R——外接圆半径</td><td>$A_i=K_ia^2=p_iR^2$
（K_i——系数，i 是指多边形的边数；p_i——系数）
三边形 $K_3=0.433$
四边形 $K_4=1.000$
五边形 $K_5=1.720$
六边形 $K_6=2.598$
七边形 $K_7=3.634$
八边形 $K_8=4.828$
九边形 $K_9=6.182$
十边形 $K_{10}=7.694$</td><td>在内、外接圆心处</td></tr>
<tr><td>角隅形</td><td>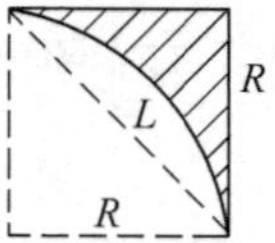</td><td>R——半径
L——弧长</td><td>$A=R^2\left(1-\frac{\pi}{4}\right)$
$=0.2146R^2$
$=1.1075L^2$</td><td></td></tr>
</table>

1.1.2 多面体的体积和表面积

多面体的体积和表面积

图形		尺寸符号	体积(V)底面积(A) 表面积(S)侧表面积(S_1)	重心(G)
立方体	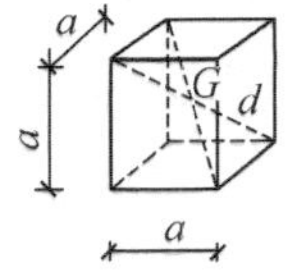	a——棱长 d——对角线	$V=a^3$ $S=6a^2$ $S_1=4a^2$	在对角线交点上
方楔形	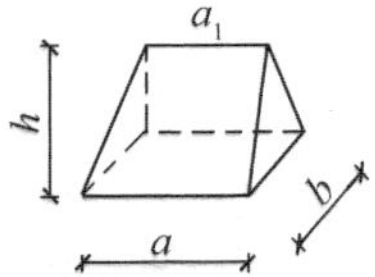	底为矩形 a——边长 b——边长 h——高 a_1——上棱长	$V=\frac{1}{6}(2a+a_1)bh$	
圆楔形	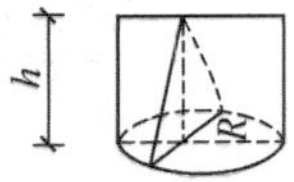	R——底圆半径 h——高	$V=\frac{1}{2}\pi R^2 h$	
长方形(棱柱)	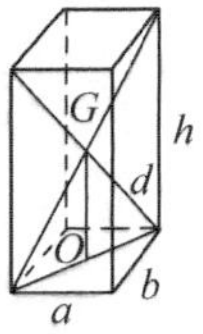	a、b、h——边长 O——底面对角线交点 d——对角线	$V=abh$ $S=2(ab+ah+bh)$ $S_1=2h(a+b)$ $d=\sqrt{a^2+b^2+h^2}$	$GO=\frac{h}{2}$

（续）

图形		尺寸符号	体积(V)底面积(A) 表面积(S)侧表面积(S_1)	重心(G)
三棱柱	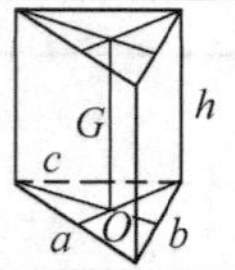	a、b、c ——边长 h——高 O——底面中线的交点	$V=Ah$ $S=(a+b+c)h+2A$ $S_1=(a+b+c)h$	$GO=\frac{h}{2}$
棱锥	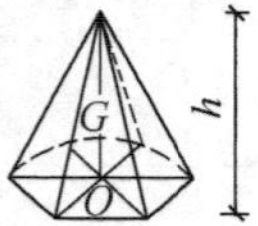	O——锥底各对角线交点	$V=\frac{1}{3}Ah$ $S=nf+A$ $S_1=nf$ （f——一个组合三角形的面积； n——组合三角形的个数）	$GO=\frac{h}{4}$
棱台	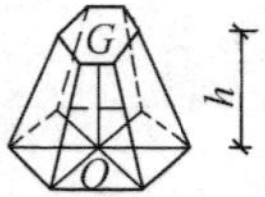	h——底面间的距离	$V=\frac{1}{3}h(A_1+A_2+\sqrt{A_1A_2})$ $S=an+A_1+A_2$ $S_1=an$ （A_1、A_2——两平行底面的面积；a——一个组合梯形的面积； n——组合梯形数）	$GO=\frac{h}{4}$ $\frac{A_1+2\sqrt{A_1A_2}+3A_2}{A_1+\sqrt{A_1A_2}+A_2}$
圆柱和空心圆柱（管）	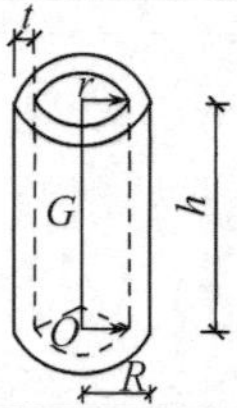	R——外半径 r——内半径 t——柱壁厚度 S_1——内外侧面积	圆柱：$V=\pi R^2h$ $S=2\pi Rh+2\pi R^2$ $S_1=2\pi Rh$ 空心直圆柱： $V=\pi h(R^2-r^2)=2\pi RPth$ （P——平均半径） $S=2\pi(R+r)h+2\pi(R^2-r^2)$ $S_1=2\pi(R+r)h$	$GO=\frac{h}{2}$

（续）

图形		尺寸符号	体积(V)底面积(A) 表面积(S)侧表面积(S_1)	重心(G)
直圆锥	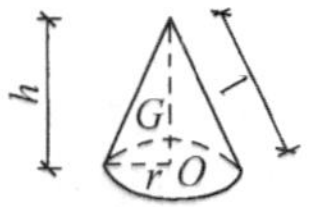	r——底面半径 h——高 l——母线长	$V=\frac{1}{3}\pi r^2 h$ $S_1=\pi r\sqrt{r^2+h^2}=\pi rl$ $l=\sqrt{r^2+h^2}$ $S=S_1+\pi r^2$	$GO=\frac{h}{4}$
圆台		r、R——下上底面半径 h——高 l——母线长	$V=\frac{\pi h}{3}(R^2+r^2+Rr)$ $S_1=\pi l(R+r)$ $l=\sqrt{(R-r)^2+h^2}$ $S=S_1+\pi(R^2+r^2)$	$GO=\frac{h}{4}\frac{R^2+2Rr+3r^2}{R^2+Rr+r^2}$
球	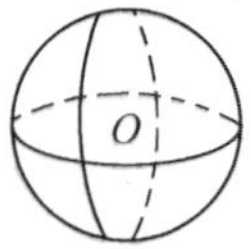	r——半径 d——直径	$V=\frac{4}{3}\pi r^3=\frac{\pi d^3}{6}$ $=0.5236d^3$ $S=4\pi r^2=\pi d^2$	在球心上
球扇形（球楔）	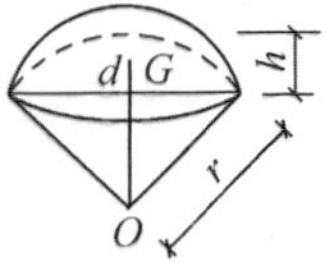	r——球半径 d——弓形底圆直径 h——弓形高	$V=\frac{2}{3}\pi r^2 h=2.0944^2h$ $S=\frac{\pi r}{2}(4h+d)$ $=1.57r(4h+d)$	$GO=\frac{3}{8}(2r-h)$

（续）

图形		尺寸符号	体积(V)底面积(A) 表面积(S)侧表面积(S_1)	重心(G)
球缺	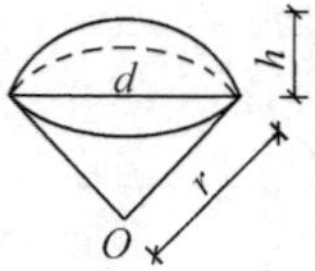	h——球缺的高 r——球缺半径 d——平均圆直径	$V=\pi h^2\left(r-\frac{h}{3}\right)$ $S_{曲}=2\pi rh=\pi\left(\frac{d^2}{4}+h^2\right)$ $S=\pi h(4r-h)$ $d^2=4h(2r-h)$ ($S_{曲}$——曲面面积；S——球缺表面积)	$GO=\frac{3}{4}\frac{(2r-h)^2}{3r-h}$
圆环体	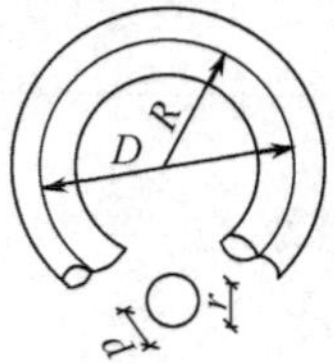	R——圆环体平均半径 D——圆环体平均直径 d——圆环体截面直径 r——圆环体截面半径	$V=2\pi^2Rr^2$ $=\frac{1}{4}\pi^2Dd^2$ $S=4\pi^2Rr$ $=\pi^2Dd=39.478Rr$	在环中心上
球台	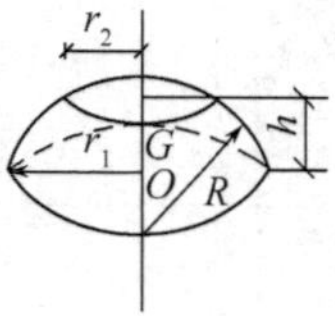	R——球半径 r_1、r_2——下、上底面半径 h——腰高	$V=\frac{\pi h}{6}(3r_1^2+3r_2^2+h^2)$ $S_1=2\pi Rh$ $S=2\pi Rh+\pi(r_1^2+r_2^2)$	$GO=\frac{3}{2h}\frac{T_1^4-T_2^4}{3r_1^2+3r_2^2+h^2}$

（续）

图形		尺寸符号	体积(V)底面积(A) 表面积(S)侧表面积(S_1)	重心(G)
椭球体	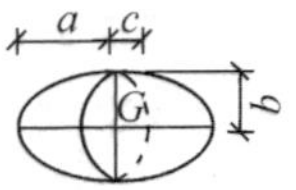	a、b、c——半轴	$V=\frac{4}{3}abc\pi$ $S=2\sqrt{2}b\ \sqrt{a^2+b^2}$	在轴交点上
交叉圆柱体	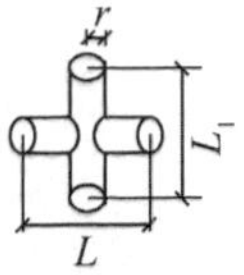	r——圆柱半径 L_1、L——圆柱长	$V=\pi r^2\left(L+L_1-\frac{2r}{3}\right)$	在二轴线交点上
梯形体	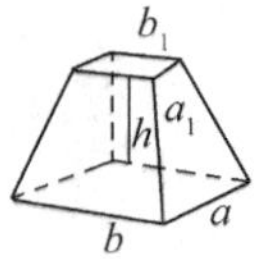	a、b——下底边长 a_1、b_1——上底边长 h——上下底边距离(高)	$V=\frac{h}{6}[(2a+a_1)b+(2a_1+a)b_1]$ $=\frac{h}{6}[ab+(a+a_1)(b+b_1)+a_1b_1]$	

1.2 常用构件缩写代号

常用构件缩写代号

名　称	代　号	名　称	代　号	名　称	代　号
板	B	梁	L	楼梯梁	TL
槽形板	CB	吊车梁	DL	屋面梁	WL
吊车安全走道板	DB	过梁	GL	梁垫	LD
盖板或沟盖板	GB	基础梁	JL	檩条	LT
空心板	KB	连系梁	LL	垂直支撑	CC
密肋板	MB	阳台	YT	水平支撑	SC
基础	J	钢筋骨架	G	柱间支撑	ZC
天窗架	CJ	墙板	QB	柱	Z
钢架	GJ	楼梯板	TB	桩	ZH
框架	KJ	天沟板	TGB	梯	T
设备基础	SJ	屋面板	WB	天窗端壁	TD
托架	TJ	檐口板	YB	雨篷	YP
屋架	WJ	折板	ZB	预埋件	M
支架	ZJ	圈梁	QL	钢筋网	W

1.3 公称直径系列对照

公称直径系列对照

公称直径 DN/mm	相应管螺纹/in	相应无缝钢管（外径×壁厚）/mm	公称直径 DN/mm	相应管螺纹/in	相应无缝钢管（外径×壁厚）/mm
1	3/8	18×2.5	125	5	133×4.5
15	1/2	22×3	150	6	159×4.5
20	3/4	25×3	200		219×6
25	1	32×3.5	250		273×8
32	$1\frac{1}{4}$	38×3.5	300		325×8
40	$1\frac{1}{2}$	45×3.5	350		377×9
50	2	57×3.5	400		426×9
70	$2\frac{1}{2}$	76×4	450		480×10
80	3	89×4	500		530×10
100	4	108×4	600		630×10

注：1in=0.0254m。

1.4 阿拉伯数码对照

阿拉伯数码对照

罗 马	数 码	罗 马	数 码	罗 马	数 码	罗 马	数 码
Ⅰ	1	ⅩⅤ	15	ⅩLⅤ	45	CCL	250
Ⅱ	2	ⅩⅤⅠ	16	L	50	CCC	300
Ⅲ	3	ⅩⅤⅡ	17	LⅤ	55	CD	400
Ⅳ	4	ⅩⅤⅢ	18	LⅩ	60	D	500
Ⅴ	5	ⅩⅨ	19	LⅩⅤ	65	DC	600
Ⅵ	6	ⅩⅩ	20	LⅩⅩ	70	DCC	700
Ⅶ	7	ⅩⅪ	21	LⅩⅩⅤ	75	DCCC	800
Ⅷ	8	ⅩⅫ	22	LⅩⅩⅩ	80	CM	900
Ⅸ	9	ⅩⅩⅢ	23	LⅩⅩⅩⅤ	85	M	1000
Ⅹ	10	ⅩⅩⅣ	24	ⅩC	90	$\overline{V}$	5000
Ⅺ	11	ⅩⅩⅤ	25	ⅩCⅤ	95	$\overline{X}$	10000
Ⅻ	12	ⅩⅩⅩ	30	C	100	$\overline{C}$	100000
ⅩⅢ	13	ⅩⅩⅩⅤ	35	CL	150	$\overline{M}$	1000000
ⅩⅣ	14	ⅩL	40	CC	200	—	—

注：罗马数由七种符号组成，I－1、V－5、X－10、L－50、C－100、D－500、M－1000；两种符号并列时，小数放在大数之前表示两者之差；小数放在大数之后表示两者之和；在符号上边加一条横线时表示增大1000倍。

2 预算定额常用系数

2.1 土方工程

2.1.1 定额土壤分类

定额土壤分类

定额分类	普氏分类	土壤及岩石名称	天然湿度下平均密度/(kg/m³)	极限压碎强度/(kg/cm²)	用轻钻孔机钻进1m耗时/min	开挖方法及工具	紧固系数(*f*)
一、二类土壤	Ⅰ	砂 砂壤土 腐殖土 泥炭	1500 1600 1200 600			用尖锹开挖	0.5～0.6
	Ⅱ	轻壤土和黄土类土 潮湿而松软的黄土，软的盐渍土和碱土 平均15mm以内的松散而软的砾石 含有草根的密实腐殖土 含有直径在30mm以内根类的泥炭和腐殖土 掺有卵石、砾石和石屑的砂和腐殖土 含有卵石或砾石杂质的胶结成块的填土 含有卵石、砾石和建筑料杂质的砂壤土	1600 1600 1700 1400 1100 1650 1750 1900			用锹开挖，少数用镐开挖	0.6～0.8

（续）

定额分类	普氏分类	土壤及岩石名称	天然湿度下平均密度/(kg/m³)	极限压碎强度/(kg/cm²)	用轻钻孔机钻进1m耗时/min	开挖方法及工具	紧固系数(f)
三类土壤	Ⅲ	肥黏土其中包括石炭纪、侏罗纪的黏土和冰黏土 重壤土、粗砾石、粒径为15～40mm的碎石或卵石 干黄土和掺有碎石或卵石的自然含水量黄土 含有直径大于30mm根类的腐殖土或泥炭 掺有碎石或卵石和建筑碎料的土壤	1800 1750 1790 1400 1900			用尖锹并同时用镐和撬棍开挖(30%)	0.81～1.0
四类土壤	Ⅳ	含碎石重黏土，其中包括侏罗纪的黏土和石炭纪的硬黏土 含有碎石、卵石、建筑碎料和重达25kg的顽石(总体积的10%以内)等杂质的肥黏土和重壤土 冰渍黏土，含有重量在50kg以内的巨砾，其含量为总体积的10%以内 泥板岩 不含或含有重量达10kg的顽石	1950 1950 2000 2000 1950			用尖锹并同时用镐和撬棍开挖(30%)	1.0～1.5

2.1.2 定额土方体积折算系数

定额土方体积折算系数

虚方体积	天然密实体积	夯实后体积	松填体积
1.00	0.77	0.67	0.83
1.30	1.00	0.87	1.08
1.50	1.15	1.00	1.25
1.20	0.92	0.80	1.00

2.1.3 定额土方放坡系数

定额土方放坡系数

土壤类别	放坡起点/m	人工挖土	机械挖土	
			坑内作业	坑上作业
一、二类土	1.20	1∶0.5	1∶0.33	1∶0.75
三类土	1.50	1∶0.33	1∶0.25	1∶0.67
四类土	2.00	1∶0.25	1∶0.10	1∶0.33

注：1. 沟槽、基坑中，土壤类别不同时，分别按其放坡起点和放坡系数，依不同土壤厚度加权平均计算。

2. 计算放坡时，在交接处的重复工作不予扣除，原槽、坑有基础垫层时，放坡自垫层上表面开始计算。

2.1.4 定额基础施工所需工作面宽度

定额基础施工所需工作面宽度

基础材料	每边各增加工作面宽度/mm	基础材料	每边各增加工作面宽度/mm
砖基础	200	浆砌毛石、条石基础	150
混凝土基础垫层支模板	300	混凝土地基础支模板	300
基础垂直面做防水层	800(防水层面)		

2.1.5 定额管沟开挖宽度

定额管沟开挖宽度

管径/mm	铸铁管、钢管、石棉水泥管	混凝土管、钢筋混凝土管、预应力混凝土管	陶土管
50～70	0.60	0.80	0.70
100～200	0.70	0.90	0.80
250～350	0.80	1.00	0.90
400～450	1.00	1.30	1.10
500～600	1.30	1.50	1.40
700～800	1.60	1.80	
900～1000	1.80	2.00	
1100～12000	2.00	2.30	
1300～1400	2.20	2.60	

2.1.6 定额管道扣除土方体积

定额管道扣除土方体积 （单位：m^3/m）

管道名称	管道直径/mm					
	501～600	601～800	801～1000	1001～1200	1201～1400	1401～1600
钢管	0.21	0.44	0.71			
铸铁管	0.24	0.49	0.77			
混凝土管	0.33	0.60	0.92	1.15	1.35	1.55

2.2 桩基础工程

2.2.1 单位工程的打(灌)桩工程量

[每个单位工程的打(灌)桩工程量小于表中规定数量时，其人工、机械量按相应定额项目乘定额系数 1.25 计算]

单位工程的打(灌)桩工程量

项　目	单位工程的工程量	项目	单位工程的工程量
预制钢筋混凝土方桩	$150m^3$	潜水钻孔灌注混凝土桩	$100m^3$
钢板柱	50t	振动碎石桩	$100m^3$
沉管灌注混凝土桩	$60m^3$	灰挤密桩	$60m^3$
夯扩灌注混凝土桩	$60m^3$	旋挖法混凝土桩	$100m^3$
沉管灌注砂石(碎石、砂)桩	$60m^3$	深层搅拌法加固地基	$100m^3$
长螺旋钻孔灌注混凝土桩	$100m^3$	人工挖孔桩	$100m^3$

2.2.2 定额各种灌注的材料用量所规定的充盈系数和材料损耗

定额各种灌注的材料用量所规定的充盈系数和材料损耗

项目名称	充盈系数	损耗率(%)
沉管灌注混凝土桩	1.20	3
钻孔灌注混凝土桩	1.25	3
沉管灌注砂桩	1.25	3
沉管灌注砂石桩	1.25	3

2.2.3 预制钢筋混凝土方桩体积

预制钢筋混凝土方桩体积

桩截面/(mm×mm)	桩尖长/mm	桩全长/m	混凝土体积/m³		桩截面/(mm×mm)	桩尖长/mm	桩全长/m	混凝土体积/m³	
			理论计算体积	按工程量计算体积				理论计算体积	按工程量计算体积
250×250	400	2.50	0.140	0.156	300×300	400	2.50	0.201	0.225
		3.00	0.171	0.188			3.00	0.246	0.270
		3.50	0.202	0.129			3.50	0.291	0.315
		4.00	0.233	0.250			4.00	0.336	0.360
		5.00	0.296	0.312			5.00	0.426	0.450
		6.00	0.358	0.375			6.00	0.516	0.576
		每增减0.50	0.031	0.031			每增减0.50	0.045	0.045

（续）

桩截面/(mm×mm)	桩尖长/mm	桩全长/m	混凝土体积/m³		桩截面/(mm×mm)	桩尖长/mm	桩全长/m	混凝土体积/m³	
			理论计算体积	按工程量计算体积				理论计算体积	按工程量计算体积
320×320	400	2.50	0.229	0.256	400×400	400	3.00	0.437	0.480
		3.00	0.280	0.307			3.50	0.517	0.560
		3.50	0.331	0.358			4.00	0.597	0.640
		4.00	0.382	0.410			5.00	0.757	0.800
		5.00	0.385	0.512			6.00	0.97	0.960
		6.00	0.587	0.614			每增减 0.50	0.087	0.080
		每增减 0.50	0.051	0.051					
450×350	400	2.50	0.273	0.306					
		3.00	0.335	0.368					
		3.50	0.396	0.429					
		4.00	0.457	0.490					
		5.00	0.580	0.613					
		6.00	0.702	0.735					
		每增减 0.50	0.063	0.063					

注：桩长包括桩尖长度，混凝土体积理论计算公式为

$$(L'A)+\frac{1}{3}AH$$

式中 A——桩截面面积(m^2)；

L'——桩长(不包括桩尖长)(m)；

H——桩尖长(mm)。

2.2.4 预制混凝土管桩体积

预制混凝土管桩体积

管桩外径/mm	管壁厚度/mm	混凝土强度等级	管桩每10m用量		体积计算公式
			混凝土/m^3	钢材/kg	
ϕ250	50	C20	0.314	110	$V=0.7854(D^2-d^2)\times L$ 式中 D——外径； d——内径； L——桩长
ϕ250	60	C20	0.358	110	
ϕ300	50	C20	0.393	140	
ϕ300	60	C20	0.452	140	
ϕ300	70	C20	0.553	140	
ϕ400	50	C20	0.550	200	
ϕ400	60	C20	0.641	200	
ϕ400	80	C20	0.804	200	
ϕ400	100	C20	0.942	200	
ϕ500	50	C20	0.707	250	
ϕ500	60	C20	0.829	250	
ϕ500	80	C20	1.056	250	
ϕ500	100	C20	1.257	250	

2.2.5 混凝土灌注桩体积

混凝土灌注桩体积

桩直径/mm	套管外径/mm	桩全长/m	混凝土体积/m^3	桩直径/mm	套管外径/mm	桩全长/m	混凝土体积/m^3
300	325	3.00	0.2489	400	459	3.00	0.4965
		3.50	0.2904			3.50	0.5793
		4.00	0.3318			4.00	0.6620
		4.50	0.3733			4.50	0.7448
		5.00	0.4148			5.00	0.8275
		5.50	0.4563			5.50	0.9103
		6.00	0.4978			6.00	0.9930
		每增减 0.10	0.0083			每增减 0.10	0.0165
300	351	3.00	0.2903				
		3.50	0.3387				
		4.00	0.3870				
		4.50	0.4354				
		5.00	0.4838				
		5.50	0.5322				
		6.00	0.5806				
		每增减 0.10	0.0097				

注：混凝土灌注桩体积计算公式

$$V=\pi r^2 \times L$$

式中 r——套管外径的半径(m)；

L——桩长(m)。

2.2.6 爆扩桩体积

爆扩桩体积

桩身直径/mm	桩头直径/mm	桩长/m	混凝土体积/m³	桩身直径/mm	桩头直径/mm	桩长/m	混凝土体积/m³
250	800	3.0	0.376	400	1000	3.0	0.775
		3.5	0.401			3.5	0.838
		4.0	0.425			4.0	0.901
		4.5	0.451			4.5	0.964
		5.0	0.474			5.0	1.027
每增减		0.50	0.025	每增减		0.50	0.064
250	1000	3.0	0.622	300	1200	3.0	0.665
		3.5	0.647			3.5	0.701
		4.0	0.671			4.0	0.736
		4.5	0.696			4.5	0.771
		5.0	0.720			5.0	0.807
每增减		0.50	0.025	每增减		0.50	0.036

（续）

桩身直径/mm	桩头直径/mm	桩长/m	混凝土体积/m^3	桩身直径/mm	桩头直径/mm	桩长/m	混凝土体积/m^3
400	1000	3.0	1.032	400	1200	3.0	1.156
		3.5	1.068			3.5	1.219
		4.0	1.103			4.0	1.282
		4.5	1.138			4.5	1.345
		5.0	1.174			5.0	1.408
每增减		0.50	0.036	每增减		0.50	0.064

注：爆扩桩体积计算公式为

$$V=A(L-D)+\left(\frac{1}{6}\pi D^2\right)$$

式中 A——截面面积（m^2）；

L——桩长（包括桩头）(m)；

D——球体直径(m)。

2.2.7 桩孔所需混凝土或砂体积

桩孔所需混凝土或砂体积

序号	项目名称	套管（钻头）直径/cm	每延长米混凝土（砂）桩体积/m^3	备注
1	振动灌注砂桩	ϕ27.3	0.077	扩底部分另行计算
2		ϕ32.5	0.105	
3	螺旋钻孔灌注混凝土桩	ϕ30.0	0.078	
4		ϕ40.0	0.135	
5		ϕ50.0	0.210	
6		ϕ80.0	0.522	

2.3 砌筑工程

2.3.1 定额标准砖砌体计算厚度

定额标准砖砌体计算厚度

砖数(厚度)	1/4	1/2	3/4	1	1.5	2	2.5
计算厚度/mm	53	115	178	240	365	490	615

2.3.2 等高、不等高砖墙基大放脚折加高度和大放脚增加截面面积

等高、不等高砖墙基大放脚折加高度和大放脚增加截面面积

放脚层高	折加高度/m												增加截面面积/m^2	
	1/2 砖(0.115)		1 砖(0.24)		1½砖(0.365)		2 砖(0.49)		2½砖(0.615)		3 砖(0.74)			
	等高	不等高	等高	不等高	等高	不等高	等高	不等高	等高	不等高	等高	不等高	等高	不等高
1	0.137	0.137	0.066	0.066	0.043	0.043	0.032	0.032	0.026	0.026	0.020	0.021	0.01575	0.01575
2	0.411	0.342	0.197	0.164	0.129	0.108	0.096	0.08	0.077	0.064	0.064	0.053	0.04725	0.03938
3			0.394	0.328	0.259	0.216	0.193	0.161	0.154	0.128	0.128	0.106	0.0945	0.7875
4			0.656	0.525	0.432	0.345	0.321	0.253	0.256	0.205	0.213	0.17	0.1575	0.126
5			0.984	0.788	0.647	0.518	0.482	0.38	0.384	0.307	0.319	0.255	0.2363	0.189

（续）

放脚层高	折加高度/m												增加截面面积/m²	
	1/2 砖(0.115)		1 砖(0.24)		1½砖(0.365)		2 砖(0.49)		2½砖(0.615)		3 砖(0.74)			
	等高	不等高	等高	不等高	等高	不等高	等高	不等高	等高	不等高	等高	不等高	等高	不等高
6			1.378	1.083	0.906	0.712	0.672	0.53	0.538	0.419	0.447	0.351	0.3308	0.2599
7			1.838	1.444	1.208	0.949	0.90	0.707	0.717	0.563	0.596	0.468	0.441	0.3465
8			2.363	1.838	1.553	1.208	1.157	0.90	0.922	0.717	0.766	0.596	0.567	0.4411
9			2.953	2.297	1.942	1.51	1.447	1.125	1.153	0.896	0.958	0.745	0.7088	0.5513
10			3.61	2.789	2.372	1.834	1.768	1.366	1.409	1.088	1.171	0.905	0.8663	0.6694

2.3.3 标准砖等高、不等高砖柱基础大放脚折扣高度

标准砖等高、不等高砖柱基础大放脚折扣高度

砖柱几何特征		大放脚层数						
长×宽/mm	截面面积/m²	1 层	2 层		3 层		4 层	
		等高	等高	不等高	等高	不等高	等高	不等高
240×240	0.0576	0.168	0.565	0.366	1.271	1.068	2.344	1.602
365×240	0.0876	0.126	0.439	0.285	0.967	0.814	1.762	1.211
365×365	0.1332	0.099	0.332	0.217	0.725	0.609	1.306	0.900
490×490	0.2401	0.073	0.234	0.154	0.501	0.420	0.889	0.614

（续）

砖柱几何特征		大放脚层数						
长×宽/mm	截面面积/m²	1层	2层		3层		4层	
		等高	等高	不等高	等高	不等高	等高	不等高
615×490	0.3014	0.063	0.206	0.135	0.438	0.367	0.774	0.535
615×615	0.3782	0.056	0.180	0.118	0.382	0.319	0.668	0.463
740×615	0.4551	0.052	0.162	0.107	0.342	0.286	0.599	0.415
740×740	0.5476	0.046	0.146	0.096	0.306	0.256	0.534	0.370

砖柱几何特征		大放脚层数							
长×宽/mm	截面面积/m²	5层		6层		7层		8层	
		等高	不等高	等高	不等高	等高	不等高	等高	不等高
240×240	0.0576	3.502	3.113	5.867	4.122	8.458	6.814	11.700	8.434
365×240	0.0876	2.863	2.316	4.325	3.112	6.195	4.975	8.501	6.130
365×365	0.1332	2.107	1.701	3.158	2.268	4.483	3.597	6.124	4.416
490×365	0.1789	1.734	1.399	2.582	1.854	3.646	2.921	4.956	3.574
490×490	0.2401	1.415	1.140	2.096	1.504	2.950	2.235	3.986	2.876
615×490	0.3014	1.225	0.987	1.807	1.296	2.532	2.021	2.411	2.461
615×615	0.3782	1.055	0.849	1.549	1.111	2.140	1.725	2.881	2.097
740×615	0.4551	0.941	0.757	1.378	0.988	1.920	1.529	2.572	1.855
740×740	0.5476	0.836	0.673	1.221	0.875	1.696	1.350	2.266	1.635

2.4 钢筋及混凝土工程

2.4.1 复杂构件钢筋调整定额中的人工和机械用量系数

复杂构件钢筋调整定额中的人工和机械用量系数

<table>
<tr><td>预制构件</td><td colspan="2">现浇构件</td><td colspan="4">构筑物</td></tr>
<tr><td rowspan="2">拱梯形屋架
托架梁</td><td rowspan="2">小型
构件</td><td rowspan="2">小型
池槽</td><td rowspan="2">烟囱</td><td rowspan="2">水塔</td><td colspan="2">贮仓</td></tr>
<tr><td>矩形</td><td>圆形</td></tr>
<tr><td>1.10</td><td>2.0</td><td>2.50</td><td colspan="2">1.7</td><td>1.25</td><td>1.50</td></tr>
</table>

2.4.2 定额预制钢筋混凝土构件制作废品率、运输损耗率及安装损耗率

定额预制钢筋混凝土构件制作废品率、运输损耗率及安装损耗率

<table>
<tr><td>构件名称</td><td>制作废品率</td><td>运输损耗率</td><td>安装损耗率</td></tr>
<tr><td>平板、空心板、槽形板、大型屋面板、檩条、天窗架及端壁、挡风板支架、围墙柱、门窗框、楼梯段</td><td rowspan="5">0.2%</td><td>0.5%</td><td>0.5%</td></tr>
<tr><td>架空隔热板、地沟盖板、雨篷、多孔墙板、小型构件</td><td>1.0%</td><td>1.0%</td></tr>
<tr><td>漏空花格、板厚 30mm 以内的薄型构件</td><td>1.5%</td><td>1.5%</td></tr>
<tr><td>现场就位预制构件：屋架、柱、梁</td><td>—</td><td>0.5%</td></tr>
<tr><td>非现场就位预制构件：柱、梁</td><td>0.5%</td><td>0.5%</td></tr>
</table>

2.5 构件运输及安装工程

2.5.1 定额预制混凝土构件分类

定额预制混凝土构件分类

类 别	项 目
1	4m 以内空心板、实心板
2	6m 以内的柱、屋面板、工业楼板、梁、楼梯休息板、楼梯段、阳台板
3	6～14m 的梁、板、柱、桩，各类屋架、桁架、托架(14m 以上的另行处理)
4	天窗架、挡风架、侧板、端壁板、天窗上下档、门框及小型构件
5	装配式内、外墙板，厕所板

2.5.2 定额金属结构件分类

定额金属结构件分类

类 别	项 目
1	钢柱、屋架、托架梁、防风桁架
2	吊车梁、制动梁、型钢檩条、钢支撑、上下档、钢桅杆、栏杆、盖板、垃圾出灰门、倒灰门箅子、爬梯、零星构件平台、操作台、走道休息台、扶梯、钢吊车梯台、烟囱紧固箍
3	墙架、挡风架、天窗架、组合檩条、轻型屋架、滚动支架、悬挂支架、管道支架

2.6 屋面及防水工程

2.6.1 定额屋面坡度系数

定额屋面坡度系数

坡度			延尺系数 C (A=1)	隅延尺系数 D (A=S=1)
B(A=1)	$B/2A$	水平夹角/α		
1	1/2	45°	1.4142	1.7321
0.75		36°52′	1.2500	1.6008
0.70		35°	1.2207	1.5779
0.666	1/3	33°44′	1.2015	1.5620
0.65		33°01′	1.1926	1.5564
0.60		30°58′	1.1662	1.5362
0.577		30°	1.1547	1.5270
0.55		28°49′	1.1413	1.5170
0.50	1/4	26°34′	1.1180	1.500
0.45		24°14′	1.0966	1.4839
0.40	1/5	21°48′	1.0770	1.4697
0.35		19°17′	1.0594	1.4569

（续）

坡 度			延尺系数 C	隅延尺系数 D
B(A=1)	B/2A	水平夹角/α	(A=1)	(A=S=1)
0.30		16°42′	1.0440	1.4457
0.25		14°02′	1.0308	1.4362
0.20	1/10	11°19′	1.0198	1.4283
0.15		8°22′	1.0112	1.4221
0.125		7°8′	1.0078	1.4191
0.10	1/20	5°42′	1.0050	1.4177
0.083		4°45′	1.0035	1.4166
0.066	1/30	3°49′	1.0022	1.4157

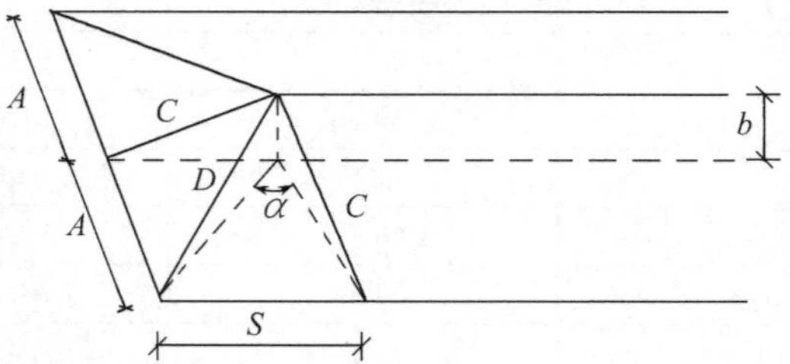

注：1. 两坡排水屋面面积为屋面水平投影面积乘以延尺系数 C。

2. 四坡排水屋面斜脊长度=A×D(当 S=A 时)。

3. 沿山墙泛水长度=A×C。

2.6.2 定额薄钢板排水单体零件面积折算

定额薄钢板排水单体零件面积折算

名称		单位	水落管/m	檐沟/m	水斗个/套	漏斗个/套	下水口个/套		
薄钢板排水	水落管、檐沟、水斗、漏斗、水口	m^2	0.32	0.30	0.40	0.16	0.45		
	天沟，斜沟、天窗窗台泛水，天窗侧面泛水，烟囱泛水，通气管泛水，滴水檐头泛水，滴水	m^2	天沟/m	斜沟、天窗窗台泛水/m	天窗侧面泛水/m	烟囱泛水/m	通气管泛水/m	滴水檐头泛水/m	滴水/m
			1.30	0.50	0.70	0.80	0.22	0.24	0.11

2.7 装饰工程

2.7.1 定额抹灰等级与抹灰遍数、工序、外观质量的对应关系

定额抹灰等级与抹灰遍数、工序、外观质量的对应关系

名称	普通抹灰	中级抹灰
遍数	两遍	三遍
主要工序	分层找平、修整、表面压光	阳角找方、设置标筋、分层找平、修整、表面压光
外观质量	表面光滑、洁净、接槎平整	表面光滑，洁净，接槎平整，压线清晰、顺直

2.7.2 定额单层木门工程量系数

定额单层木门工程量系数

项目名称	系　数	工程量计算方法
单层木门	1.00	按单面洞口面积
双层(一板一纱)木门	1.36	
单层全玻璃门	0.83	
木百叶门	1.25	
厂库大门	1.10	

2.7.3 定额单层木窗工程量系数

定额单层木窗工程量系数

项目名称	系数	工程量计算方法
单层玻璃窗	1.00	按单面洞口面积
双层(一玻一纱)窗	1.36	
单层组合窗	0.83	
双层组合窗	1.13	
木百叶窗	1.50	

2.7.4 定额木扶手(不带托板)工程量系数

定额木扶手(不带托板)工程量系数

项目名称	系数	工程量计算方法
木扶手(不带托板)	1.00	按延长米
木扶手(带托板)	2.60	
窗帘盒	2.04	
封檐板、顺水板	1.74	
挂衣板、黑板框	0.52	
生活园地框、挂镜线、窗帘棍	0.35	

2.7.5 定额木地板工程量系数

定额木地板工程量系数

项目名称	系数	工程量计算方法
木地板、木踢脚线	1.00	长×宽
木楼梯(不包括底面)	2.30	水平投影面积

2.7.6 定额其他木材面工程量系数

定额其他木材面工程量系数

项目名称	系数	工程量计算方法
木板、纤维板、胶合板、天棚、檐口	1.00	长×宽
清水板条天棚、檐口	1.07	
木方格吊顶天棚	1.20	
吸音板、墙面、天棚面	0.87	
鱼鳞板墙	2.48	
木护墙、墙裙	0.91	
窗台板、筒子板、盖板	0.82	
暖气罩	1.28	
屋面板(带檩条)	1.11	斜长×宽
木间壁、木隔断	1.90	单面外围面积
玻璃间壁露明墙筋	1.65	
木栅栏、木栏杆(带扶手)	1.82	
木屋架	1.79	跨度(长)×中高×0.5
衣柜、壁柜	0.91	投影面积(不展开)
零星木装饰	0.87	展开面积

2.7.7 定额单层钢门窗工程量系数

定额单层钢门窗工程量系数

项目名称	系数	工程量计算方法
单层钢门窗	1.00	
双层(一玻一纱)钢门窗	1.48	
钢百叶门	2.74	洞口面积
半截百叶钢门	2.22	
满钢门或包薄钢板门	1.63	
钢折叠门	2.30	
射线防护门	2.96	
厂库房平开、推拉门	1.70	框(扇)外围面积
钢丝网大门	0.18	
间壁	1.85	长×宽
平板屋面	0.74	斜长×宽
瓦垄板屋面	0.89	斜长×宽
排水、伸缩缝盖板	0.78	展开面积
吸气罩	1.63	水平投影面积

2.7.8 定额其他金属面工程量系数

定额其他金属面工程量系数

项目名称	系数	工程量计算方法
钢屋架、天窗架、挡风架、屋架梁、支撑檩条、支撑	1.00	重量/t
墙架(空腹式)	0.50	
墙架(格板式)	0.82	
钢柱、吊车梁、花式梁柱、空花构件	0.63	
操作台、走台、制动梁、钢梁车挡	0.71	
钢栅栏门、栏杆、窗栅	1.71	
钢爬梯	1.18	
轻型屋架	1.42	
踏步式钢扶梯	1.05	
零星铁件	1.32	

2.7.9 定额平板屋面涂刷磷化、锌黄底漆工程量系数

定额平板屋面涂刷磷化、锌黄底漆工程量系数

项目名称	系数	工程量计算方法
平板屋板	1.00	斜长×宽
瓦垄板屋面	1.20	
排水、伸缩缝盖板	1.05	展开面积
吸气罩	2.20	水平投影面积
包镀锌薄钢板门	2.20	洞口面积

2.7.10 定额抹灰面工程量系数

定额抹灰面工程量系数

项目名称	系数	工程量计算方法
槽形底板、混凝土折板	1.30	长×宽
有梁板底	1.10	
密肋、井字梁底板	1.50	
混凝土平板式楼梯底板	1.30	水平投影面积

2.7.11 综合定额室内墙面抹灰、涂料工程量系数

综合定额室内墙面抹灰、涂料工程量系数

墙体名称	抹灰、涂料系数	
	单面	双面
外墙内侧	0.93	
内墙	0.90	1.80
框架间墙、间壁墙	1.00	2.00
钢筋混凝土墙	0.95	1.90

2.7.12 综合定额柱面抹灰工程量系数

综合定额柱面抹灰工程量系数

矩形钢筋混凝土柱工程量系数		异形钢筋混凝土柱工程量系数	
项目名称	系数	项目名称	系数
矩形柱周长 1.6mm 以内	1.000	异形柱周长 2.4mm 以内	1.000
矩形柱周长 2.4mm 以内	0.746	异形柱周长 3.2mm 以内	0.751
矩形柱周长 3.2mm 以内	0.553	异形柱周长 3.2mm 以上	0.379
矩形柱周长 3.2mm 以上	0.468		

（续）

圆形钢筋混凝土柱工程量系数		方砖柱工程量系数	
项目名称	系数	项目名称	系数
圆形柱直径 ϕ500mm 以内	1.000	砖柱 1.5 砖×1.5 砖以内	1.000
圆形柱直径 ϕ800mm 以内	0.592	砖柱 1.5 砖×1.5 砖以上	0.59
圆形柱直径 ϕ800mm 以上	0.432	围墙大门柱	0.36

2.7.13 综合定额天棚抹灰、涂料工程量系数

综合定额天棚抹灰、涂料工程量系数

天棚类型		系数
住宅、单身宿舍、办公室、招待所		1.00
公共建筑、厂房	普通天棚	1.42
	密肋天棚	1.90

2.8 综合定额规定钢筋(铁件)损耗率

综合定额规定钢筋(铁件)损耗率

(铁件)类型	损耗率
非预应力钢筋	2.5%
先张法预应力钢筋	5%
后张法预应力钢筋	13%
冷拔低碳钢丝	9%
预埋铁件	1%

3　钢筋计算规定、常用系数及数据

3.1　混凝土的最小保护层厚度

混凝土的最小保护层厚度　　　　（单位：mm）

环境类别	板、墙	梁、柱
一	15	20
二 a	20	25
二 b	25	35
三 a	30	40
三 d	40	50

注：1. 表中混凝土保护层厚度指最外层钢筋外边缘至混凝土表面的距离，适用于设计使用年限为 50 年的混凝土结构。

2. 构件中受力钢筋的保护层厚度不应小于钢筋的公称直径。

3. 设计使用年限为 100 年的混凝土结构，一类环境中，最外层钢筋的保护层厚度不应小于表中数值的 1.4 倍；二、三类环境中，应采取专门的有效措施。

4. 混凝土强度等级不大于 C25 时，表中保护层厚度数值应增加 5。

5. 基础底面钢筋的保护层厚度，有混凝土垫层时应从垫层顶面算起，且不应小于 40mm。

3.2 纵向受拉钢筋的最小搭接长度

纵向受拉钢筋的最小搭接长度

钢筋类型		符号	混凝土强度等级			
			C15	C20～C25	C30～C35	≥C40
光圆钢筋	HPB300 级	Φ	45d	35d	30d	25d
带肋钢筋	HRB335 级	Φ	55d	45d	35d	30d
	HRB400 级、RRB400 级	Φ	—	55d	40d	35d

注：1. 当纵向受拉钢筋的绑扎搭接接头面积百分率不大于 25%时，其最小搭接长度应符合表中规定。

2. 当纵向受拉钢筋的绑扎搭接接头面积百分率大于 25%，但不大于 50%时，其最小搭接长度应按表中的数值乘以系数 1.2 取用；当接头面积百分率大于 50%时，应按表中的数值乘以系数 1.35 取用。

3. 当符合下列条件时，纵向受拉钢筋的最小搭接长度应根据上述两条确定后，按下列规定进行修正：

(1)当带肋钢筋的直径大于 25mm 时，其最小搭接长度应按相应数值乘以系数 1.1 取用。

(2)对环氧树脂涂层的带肋钢筋，其最小搭接长度应按相应数值乘以系数 1.25 取用。

(3)当在混凝土凝固过程中受力钢筋易受扰动时(如滑模施工)，其最小搭接长度应按相应数值乘以系数 1.1 取用。

(4)对末端采用机械锚固措施的带肋钢筋，其最小搭接长度可按相应数值乘以系数 0.7 取用。

(5)当带肋钢筋的混凝土保护层厚度大于搭接钢筋直径的 3 倍且配有箍筋时，其最小搭接长度可按相应数值乘以系数 0.8 取用。

(6)对有抗震设防要求的结构构件，其受力钢筋的最小搭接长度对一、二级抗震等级应按相应数值乘以系数 1.15 采用，对三级抗震等级应按相应数值乘以系数 1.05 采用。

4. 在任何情况下，受拉钢筋的搭接长度不应小于 300mm。

5. 现浇构件中钢筋未注明长度者(如圈梁等)，一般按定尺 9m 左右计算钢筋的搭接长度。

3.3 受压钢筋的最小搭接长度

受压钢筋的最小搭接长度

钢筋类型		符号	混凝土强度等级			
			C15	C20～C25	C30～C35	≥C40
光圆钢筋	HPB300 级	Φ	32*d*	25*d*	21*d*	18*d*
带肋钢筋	HRB335 级	Φ	39*d*	32*d*	25*d*	21*d*
	HRB400 级、RRB400 级	Φ	—	39*d*	28*d*	25*d*

注：1. 两根不同钢筋的搭接长度，以较细钢筋的直径计算。

2. 纵向受压钢筋搭接时，其最小搭接长度应根据本注中 1～3 条规定来确定相应数值后，乘以系数 0.7 取用，其最小搭接长度应符合表中规定。在任何情况下，受压钢筋的搭接长度不应小于 200mm。

3.4 钢筋混凝土中纵向受拉钢筋的锚固长度

钢筋混凝土中纵向受拉钢筋的锚固长度

钢筋类型	符号	混凝土强度等级					
		C15	C20	C25	C30	C35	≥C40
HPB300 级	Φ	37*d*	31*d*	27*d*	24*d*	22*d*	20*d*
HRB335 级	Φ	—	39*d*	33*d*	30*d*	27*d*	25*d*
HRB400 级、RRB400 级	Φ	—	46*d*	40*d*	36*d*	33*d*	30*d*

注：1. 当 HRB335、HRB400 和 RRB400 级钢筋的直径大于 25mm 时，钢筋的锚固长度应乘以修正系数 1.1。

2. 当 HRB335、HRB400 和 RRB400 级钢筋锚固区混凝土保护层厚度大于钢筋直径的 3 倍且配有箍筋时，锚固长度可乘以修正系数 0.8，但应保证不小于 250mm。

3. HPB235 级钢筋作受拉钢筋时，末端应做 180°弯钩。

4. 当 HRB335、HRB400 和 RRB400 级钢筋末端采用机械锚固措施时，包括附加锚固端头在内的锚固长度应不小于表中数字的 0.7 倍。

3.5 钢筋弯钩增加长度

钢筋弯钩增加长度

钢筋直径 d/mm	半圆弯钩(6.25d)		斜弯钩(4.9d)		直弯钩(3d)	
	一个钩长	两个钩长	一个钩长	两个钩长	一个钩长	两个钩长
6	40	80	30	60	18	36
8	50	100	40	80	24	48
10	60	120	50	100	30	60
12	75	150	60	120	36	72
14	85	170	70	140	42	84
16	100	200	78	156	48	96
18	110	220	88	176	54	108
20	125	250	98	196	60	120
22	135	270	108	216	66	132
25	155	310	122	244	75	150
28	175	350	137	274	84	168
30	188	376	147	294	90	180

3.6　弯起钢筋斜长

弯起钢筋斜长

图形 / 符号	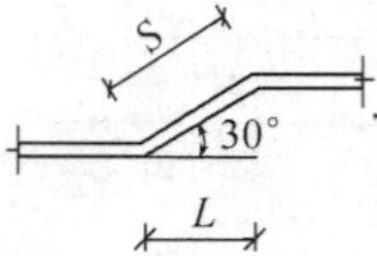	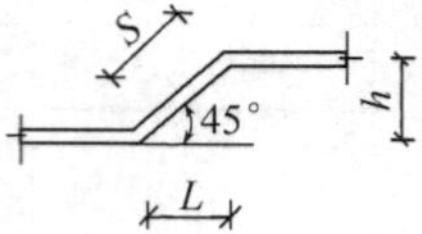	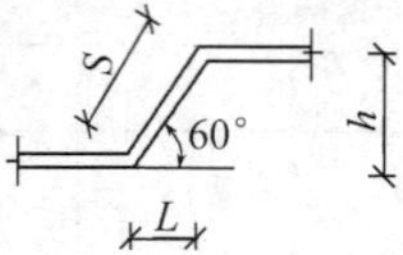
斜边长度 S 增加长度 $S-L$	$2h$ $0.268h$	$1.414h$ $0.414h$	$1.155h$ $0.577h$

3.7　钢筋理论长度计算公式

钢筋理论长度计算公式

钢筋名称	钢筋简图	计算公式
直筋		构件长－两端保护层厚
直钩		构件长－两端保护层厚＋两个弯钩长度

（续）

钢筋名称	钢筋简图	计算公式
板中弯起筋		构件长－两端保护层厚＋2×0.268×（板厚－上下保护层厚）＋两个弯钩长
		构件长－两端保护层厚＋0.268×（板厚－上下保护层厚）＋一个弯钩长
	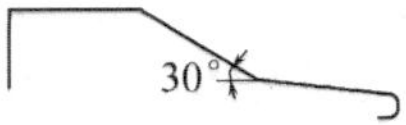	构件长－两端保护层厚＋0.268×（板厚－上下保护层厚）＋（板厚－上下保护层厚）＋一个弯钩长
		构件长－两端保护层厚＋2×0.268×（板厚－上下保护层厚）＋2×（板厚－上下保护层厚）
		构件长－两端保护层厚＋0.268×（板厚－上下保护层厚）＋（板厚－上下保护层厚）
	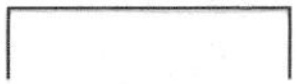	构件长－两端保护层厚＋2×（板厚－上下保护层厚）
梁中弯起筋		构件长－两端保护层厚＋2×0.414×（梁高－上下保护层厚）＋两个弯钩长
		构件长－两端保护层厚＋2×0.414×（梁高－上下保护层厚）＋2×（梁高－上下保护层厚）＋两个弯钩长
	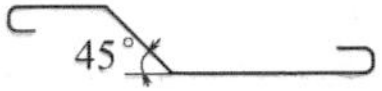	构件长－两端保护层厚＋0.414×（梁高－上下保护层厚）＋两个弯钩长
	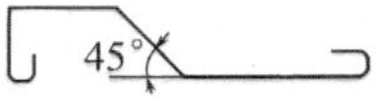	构件长－两端保护层厚＋1.414×（梁高－上下保护层厚）＋两个弯钩长
		构件长－两端保护层厚＋2×0.414×（梁高－上下保护层厚）＋2×（梁高－上下保护层厚）
	注：梁中弯起筋的弯起角度，如果弯起角度为60°，则表中系数0.414改为0.577，1.414改为1.577	

（续）

钢筋名称	钢筋简图	计算公式
环筋	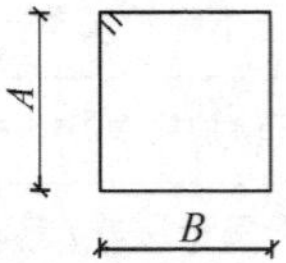	10mm 以下环筋可按混凝土梁（柱）之外围周长计算，既不减混凝土保护层厚度，亦不另加弯钩长度；10mm 以上的环筋，计算长度按下式 环筋长度＝2（A＋B）＋25

3.8 钢筋弯钩搭接长度计算

钢筋弯钩搭接长度计算

名称	平筋搭接	平筋弯钩	竖筋搭接	斜筋挑钩	弯钩搭接
形状	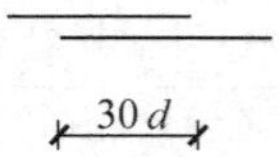	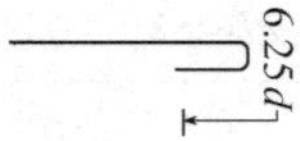	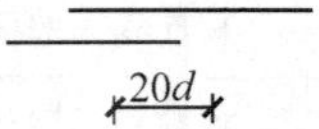	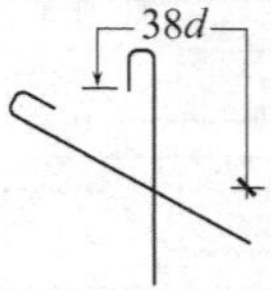	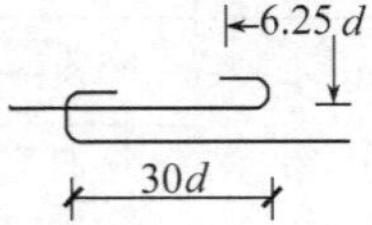
倍数长度/cm 钢筋直径/mm	30d	6.25d	20d	38d	36.25d
6	18	4.0	12	23	22.0
8	24	5.0	16	30	29.0
9	27	6.0	18	34	33.0
10	30	6.0	20	38	36.0
12	36	7.5	24	46	43.5
14	42	9.0	28	53	51.0

3.9 圆柱每米高度内螺旋箍筋长度计算

圆柱每米高度内螺旋箍筋长度计算

圆柱直径/mm		200	250	300	350	400	450	500	550
保护层厚/mm		20	25	25	25	25	25	25	25
螺旋箍筋间距/mm	50	10.11	12.64	15.79	18.93	22.00	25.18	28.33	31.43
	60	8.42	10.53	13.15	15.77	18.37	20.98	23.60	26.19
	80	6.32	7.95	9.12	11.89	13.84	15.80	17.76	19.70
	100	5.09	6.36	7.93	9.51	10.07	12.64	14.21	15.76
	150	3.39	4.25	5.29	6.34	7.39	8.43	9.48	10.51

3.10 钢筋绑扎钢丝长度参考

钢筋绑扎钢丝长度参考

钢筋直径	钢筋直径/mm													
	4	6	8	10	12	16	19	22	25	28	32	38	40	42
4	110	140	140	160	160	200	220	220	240	270	270	290	320	320
6		160	160	160	200	220	240	270	290	320	340	360	360	390
8			200	200	200	220	240	270	290	320	340	360	360	390
10				200	220	240	270	290	320	340	360	390	400	420
12					220	270	270	290	320	340	360	390	400	420
16						270	290	320	320	360	390	420	420	440
19							290	320	340	360	390	420	420	440
22								340	360	400	400	440	440	460

3.11 钢筋绑扎钢丝用量参考

钢筋绑扎钢丝用量参考

1t 钢筋钢丝用量		1t 钢筋钢丝用量	
项　目	钢丝/kg	项　目	钢丝/kg
带形基础	2.79	圈梁、过梁	4.70
杯形基础、独立基础	3.40	肋形楼板	4.42
满堂基础	1.08	平板、空心板	5.65
设备基础	1.47	沿沟、栏板、楼梯	6.00
柱、爆扩桩	4.70	墙、大门框	4.30
单梁、连续梁	4.40	楼梯段	6.00
异形梁、基础梁	4.40	洗脸槽、污水池	16.90
柱	4.00	拱形屋架	7.50
矩形梁高 30cm 内	6.60	屋架、桁架、垂直支撑	5.20
矩形梁高 30cm 外	3.80	檩条	4.75
吊车梁、异形梁	3.80	天窗架、天窗端壁	5.00
槽形板、沿沟、挂瓦板	5.18	方桩、挡风板支架	5.00
楼梯踏步	7.00	阳台、雨篷、压顶	9.00

3.12 钢筋的每米理论重量

钢筋的每米理论重量

直径	光圆钢筋		带肋钢筋	
	截面	每米理论重量/kg	截面面积	每米理论重量/kg
5	0.196	0.154		
6	1.283	0.222		
6.5	0.332	0.260		
8	0.503	0.395		
10	0.785	0.617	0.785	0.62
12	1.131	0.888	1.313	0.889
14	1.539	1.21	1.54	1.21
16	2.011	1.58	2.0	1.58
18	2.545	2.00	2.54	2.00
20	3.142	2.47	3.14	2.47
22	3.801	2.98	3.8	2.98
25	4.909	3.85	4.91	3.85
28	6.158	4.83	6.16	4.83
30	7.069	5.55		
32	8.042	6.31	8.04	6.31
38				
40			12.57	9.87

3.13 方钢理论重量

方钢理论重量

序号	对边/mm	截面面积/mm^2	理论重量/(kg/m)
1	7	49	0.39
2	8	64	0.50
3	9	81	0.64
4	10	100	0.79
5	11	121	0.95
6	12	144	1.13
7	13	169	1.33
8	14	196	1.54
9	15	225	1.77
10	16	256	2.01
11	17	289	2.27
12	18	324	2.54
13	19	361	2.83
14	20	400	3.14
15	21	441	3.46
16	22	484	3.80

4 钢 材 重 量

4.1 常用金属材料密度

常用金属材料密度

名称	密度/(g/cm^3)	名称	密度/(g/cm^3)
银	10.49	铅	11.34
铝	2.7	铁	7.87
金	19.30	钢材	7.85
铜	8.9	不锈钢	7.64～8.10(平均 7.87)

4.2 钢材的规格表示及理论重量计算公式

钢材的规格表示及理论重量计算公式

类别	图示	图示代号	规格表示/mm	理论重量计算公式
圆钢	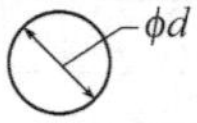	d——直径	直径 $\phi 12$	$W=0.00617\times d^2$

（续）

类别	图示	图示代号	规格表示/mm	理论重量计算公式
方钢	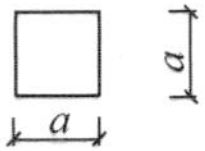	a——边宽	边长 25×25	$W=0.00785\times a^2$
六角钢	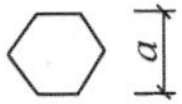	a——对边距离	对边距离 28	$W=0.0068\times a^2$
扁钢	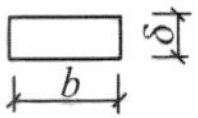	δ——厚度 b——宽度	厚×宽 5×20	$W=0.00785\times b\times\delta$
钢板	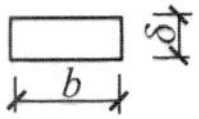	δ——厚度 b——宽度	厚×宽×长 5×1200×1800	$W=7.85\times\delta$
工字钢	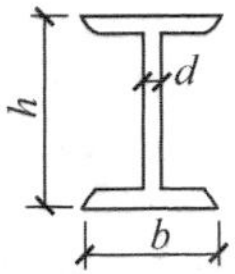	h——高度 b——腿宽 d——腰厚	高度 I28b	a. $W=0.00785\times d[h+3.34(h-d)]$ b. $W=0.00785\times d[h+2.65(h-d)]$ c. $W=0.00785\times d[h+2.26(h-d)]$

（续）

类别	图示	图示代号	规格表示/mm	理论重量计算公式
槽钢	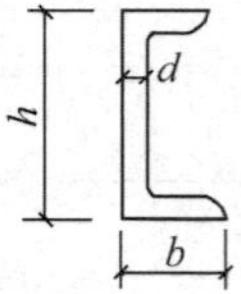	h——高度 b——腿宽 d——腰厚	高度 [20a	a. $W=0.00785\times d[h+3.26(b-d)]$ b. $W=0.00785\times d[h+2.44(b-d)]$ c. $W=0.00785\times d[h+2.24(b-d)]$
等边角钢	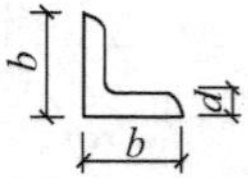	b——边宽 d——边厚	边宽^2×边厚 ∟63^2×10	$W=0.00795\times d(2b-d)$
不等边角钢	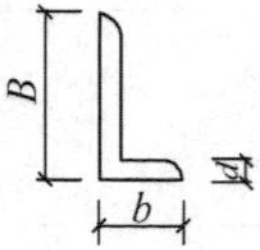	B——长边宽度 b——短边宽度 d——边厚	长边×短边×边厚 ∟63×40×5	$W=0.00795\times d(B+b-d)$
钢管	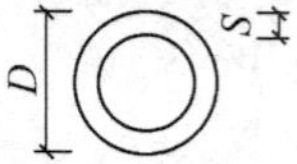	D——外径 S——壁厚	外径×壁厚 102×4	$W=0.02466S(D-S)$

注：1. W 为理论重量。

2. 钢材理论计算比重为 7.85。

4.3 圆钢、方钢、六角钢、八角钢、钢板、花纹钢板理论重量

圆钢、方钢、六角钢、八角钢、钢板、花纹钢板理论重量

圆钢		方钢		六角钢		钢板	
直径/mm	理论重量/(kg/m)	边长/mm	理论重量/(kg/m)	直径/mm	理论重量/(kg/m)	厚度/mm	理论重量/(kg/m²)
2.5	0.039	8	0.502	5	0.170	2.0	15.70
4	0.099	10	0.785	6	0.245	2.2	17.27
5	0.154	12	1.130	8	0.435	2.5	19.63
6	0.222	14	1.54	9	0.551	2.8	21.98
8	0.395	16	2.010	10	0.680	3.0	23.50
9	0.499	18	2.540	12	0.979	3.2	25.12
10	0.617	20	3.140	14	1.330	4	31.40
12	0.888	22	3.800	16	1.740	5	39.25
14	1.208	24	4.520	18	2.200	6	47.10
16	1.578	25	4.910	20	2.720	8	62.80
18	1.998	28	6.150	22	3.290	10	78.50
20	2.466	30	7.060	24	3.920	12	94.20
22	2.948	32	8.040	25	4.250	14	109.90

八角钢	
直径/mm	理论重量/(kg/m)
15	1.460
20	2.600
25	4.06
30	5.85
35	7.97
40	10.40

花纹钢板		
厚度/mm	理论重量/(kg/m²)	
	菱形	扁豆形
2.5	21.6	22.6
3.0	25.6	26.6
3.5	29.5	30.5
4.0	33.4	34.4

（续）

<table>
<tr><th colspan="2">圆 钢</th><th colspan="2">方 钢</th><th colspan="2">六角钢</th><th colspan="3">八角钢</th><th colspan="2">钢 板</th></tr>
<tr><th>直径/
mm</th><th>理论重量/
(kg/m)</th><th>边长/
mm</th><th>理论重量/
(kg/m)</th><th>直径/
mm</th><th>理论重量/
(kg/m)</th><th>直径/
mm</th><th colspan="2">理论重量/
(kg/m)</th><th>厚度/
mm</th><th>理论重量/
(kg/m²)</th></tr>
<tr><td>25</td><td>3.850</td><td>34</td><td>9.070</td><td>26</td><td>4.590</td><td colspan="3">花纹钢板</td><td>16</td><td>125.60</td></tr>
<tr><td>26</td><td>4.170</td><td>36</td><td>10.170</td><td>28</td><td>5.330</td><td rowspan="2">厚度/
mm</td><td colspan="2">理论重量/(kg/m²)</td><td>18</td><td>141.30</td></tr>
<tr><td>28</td><td>4.830</td><td>38</td><td>11.240</td><td>30</td><td>6.120</td><td>菱形</td><td>扁豆形</td><td>20</td><td>157.00</td></tr>
<tr><td>30</td><td>5.550</td><td>40</td><td>12.560</td><td>32</td><td>6.960</td><td>4.5</td><td>37.3</td><td>38.3</td><td>22</td><td>172.70</td></tr>
<tr><td>32</td><td>6.310</td><td>42</td><td>13.850</td><td>34</td><td>7.860</td><td>5.0</td><td>42.3</td><td>42.3</td><td>25</td><td>196.30</td></tr>
<tr><td>34</td><td>7.130</td><td>45</td><td>15.900</td><td>36</td><td>8.810</td><td>5.5</td><td>46.2</td><td>16.2</td><td>26</td><td>204.10</td></tr>
<tr><td>36</td><td>7.990</td><td>48</td><td>18.000</td><td>38</td><td>9.820</td><td>6.0
7</td><td>50.1
59.0</td><td>50.1
58.0</td><td>28</td><td>219.80</td></tr>
<tr><td>38</td><td>8.900</td><td>50</td><td>19.630</td><td>40</td><td>10.880</td><td>8</td><td>66.8</td><td>65.8</td><td>30</td><td>235.50</td></tr>
<tr><td>40</td><td>9.865</td><td>53</td><td>22.050</td><td>42</td><td>11.990</td><td colspan="3" rowspan="10">钢板宽度
800～1250
（以 50mm 进级）
钢板长度
4000～6000
（以 100mm 进级）</td><td>32</td><td>251.20</td></tr>
<tr><td>42</td><td>10.879</td><td>56</td><td>24.610</td><td>45</td><td>13.770</td><td>38</td><td>298.30</td></tr>
<tr><td>45</td><td>12.490</td><td>60</td><td>28.260</td><td>48</td><td>15.660</td><td>42</td><td>329.70</td></tr>
<tr><td>48</td><td>14.210</td><td>63</td><td>31.160</td><td>50</td><td>16.990</td><td>48</td><td>376.80</td></tr>
<tr><td>50</td><td>15.410</td><td>65</td><td>33.170</td><td>53</td><td>19.100</td><td>50</td><td>392.50</td></tr>
<tr><td>53</td><td>17.320</td><td>70</td><td>38.470</td><td>56</td><td>21.320</td><td>52</td><td>408.20</td></tr>
<tr><td>55</td><td>18.650</td><td>75</td><td>44.160</td><td>58</td><td>22.080</td><td>54</td><td>423.90</td></tr>
<tr><td>60</td><td>22.190</td><td>80</td><td>50.210</td><td>60</td><td>24.500</td><td>56</td><td>439.60</td></tr>
<tr><td>70</td><td>30.210</td><td>85</td><td>56.720</td><td>63</td><td>26.980</td><td>58</td><td>455.30</td></tr>
<tr><td>80</td><td>39.460</td><td>90</td><td>63.590</td><td>65</td><td>28.700</td><td>60</td><td>471.00</td></tr>
</table>

4.4 热轧扁钢理论重量

热轧扁钢理论重量

宽度/mm	厚度/mm															
	5	6	8	10	12	14	16	18	20	22	25	28	30	32	36	40
	理论重量/(kg/m)															
20	0.78	0.94	1.26	1.57	1.88	—	—	—	—	—	—	—	—	—	—	—
22	0.86	1.04	1.38	1.73	2.07	—	—	—	—	—	—	—	—	—	—	—
25	0.98	1.18	1.57	1.96	2.36	2.75	3.14	—	—	—	—	—	—	—	—	—
28	1.10	1.32	1.76	2.26	2.64	3.08	3.53	—	—	—	—	—	—	—	—	—
30	1.18	1.41	1.88	2.36	2.83	3.36	3.77	4.24	4.71	—	—	—	—	—	—	—
32	1.25	1.50	2.01	2.54	3.01	3.51	4.02	4.52	5.02	—	—	—	—	—	—	—
36	1.41	1.69	2.26	2.82	3.39	3.95	4.52	5.09	5.65	—	—	—	—	—	—	—
40	1.57	1.88	2.51	3.14	3.77	4.40	5.02	5.65	6.28	6.91	7.85	8.79	—	—	—	—
45	1.77	2.10	2.83	3.53	4.24	4.95	5.65	6.36	7.07	7.77	8.83	9.89	10.60	11.30	12.72	—
50	1.96	2.36	3.14	3.93	4.71	5.50	6.28	7.07	7.85	8.64	9.81	10.99	11.78	12.56	14.13	—
56	2.20	2.64	3.52	4.39	5.27	6.15	7.03	7.91	8.79	9.67	10.99	12.31	13.19	14.07	15.82	—

（续）

宽度/mm	厚度/mm															
	5	6	8	10	12	14	16	18	20	22	25	28	30	32	36	40
	理论重量/(kg/m)															
60	2.36	2.83	3.77	4.71	5.65	6.59	7.54	8.48	9.42	10.36	11.78	13.19	14.13	15.07	16.95	18.84
63	2.47	2.97	3.95	4.94	5.93	6.92	7.91	8.90	9.69	10.88	12.36	13.85	14.34	15.82	17.80	19.78
65	2.55	3.06	4.08	5.10	6.12	7.14	8.16	9.19	10.21	11.23	12.76	14.29	15.31	16.33	18.37	20.41
70	2.75	3.30	4.40	5.50	6.59	7.69	8.79	9.89	10.99	12.09	13.74	15.39	16.49	17.58	19.78	21.98
75	2.94	3.53	4.71	5.89	7.07	8.24	9.42	10.60	11.78	12.95	14.72	16.49	17.66	18.84	21.19	23.55
80	3.14	3.77	5.02	6.28	7.54	8.79	10.05	11.30	12.56	13.82	15.70	17.58	18.84	20.09	22.61	25.12
85	3.34	4.00	5.34	6.67	8.01	9.34	10.68	12.01	13.35	14.68	16.68	18.68	20.02	21.35	24.02	26.69
90	3.53	4.24	5.65	7.07	8.48	9.89	11.30	12.72	14.13	15.54	17.66	19.78	21.20	22.61	25.43	28.26
95	3.73	4.47	5.97	7.46	8.95	10.44	11.93	13.42	14.92	16.41	18.84	20.88	22.37	23.86	26.85	29.83
100	3.93	4.71	6.28	7.85	9.42	10.99	12.56	14.13	15.70	17.27	19.63	21.98	23.55	25.12	28.26	31.40
105	4.12	4.95	6.59	8.24	9.89	11.54	13.19	14.84	16.49	18.18	20.61	23.08	24.73	26.37	29.677	32.97
110	4.32	5.18	6.91	8.64	10.36	12.09	13.82	15.54	17.27	19.00	21.59	24.18	25.91	27.63	31.09	34.54
120	4.71	5.65	7.54	9.42	11.30	13.19	15.07	16.96	18.84	20.72	23.55	26.38	28.26	30.14	33.91	37.68
125	4.91	5.89	7.85	9.81	11.78	13.74	15.70	17.66	19.63	21.50	24.53	27.48	29.44	31.40	35.32	39.25

（续）

宽度/mm	厚度/mm															
	5	6	8	10	12	14	16	18	20	22	25	28	30	32	36	40
	理论重量/(kg/m)															
130	5.10	6.12	8.16	10.21	12.25	14.29	16.33	18.87	20.41	22.45	25.51	28.57	30.62	32.65	36.73	40.82
140	5.50	6.59	8.79	10.99	13.19	15.39	17.58	19.78	21.98	24.18	27.48	30.77	32.97	35.17	39.56	43.96
150	5.89	7.07	9.42	11.78	14.13	16.49	18.84	21.20	23.55	25.91	29.44	32.97	35.33	37.68	42.39	47.10
160	6.28	7.54	10.05	12.56	15.07	17.58	20.10	22.61	25.12	27.63	31.40	35.17	37.63	40.19	45.22	50.24
170	6.67	8.01	10.68	13.35	16.01	18.68	21.35	24.02	26.09	29.36	33.36	37.37	40.04	42.70	48.04	53.38
180	7.07	8.48	11.30	14.13	16.96	19.78	22.61	25.43	28.26	31.09	35.33	39.56	42.39	45.22	50.87	56.52
190	7.46	8.95	11.93	14.92	17.90	20.88	23.86	26.85	29.83	32.81	37.29	41.76	44.75	47.72	53.69	59.66
200	7.85	9.42	12.56	15.70	18.84	21.98	25.12	28.26	31.40	34.54	39.25	43.96	47.10	50.24	56.52	62.80

注：表中粗线用以划分扁钢的组别：

第一组：理论重量≤19kg/m，通常长度为 3～9m。

第二组：理论重量＞19～60kg/m，通常长度为 3～7m。

第三组：理论重量＞60kg/m，通常长度为 3～5m。

4.5 钢板网的每平方米重量

钢板网的每平方米重量

厚（号）	规格/mm			每平方米重量/kg
	网眼	宽	长	
13	25×76	1980	4570	4.84
16	19×64	1980	4570	4.56
16	16×64	1980	3960	5.26
18	13×38	2440	3660	3.70
19	13×32	1980	3960	3.57
19	10×32	1980	3660	3.31
19	10×25	1980	3350	3.86
24	10×25	6100	1830～1980	1.39
26	10×25	6100	1830～1980	1.39

4.6 钢丝织网每平方米重量参考

钢丝织网每平方米重量参考

钢丝直径/mm	网眼(中—中)/mm				
	10×10	12×14	14×14	16×16	18×18
	每平方米重量/kg				
0.71	0.61	0.50	0.43	0.38	0.34
0.81	0.79	0.66	0.56	0.50	0.45
0.91	1.00	0.83	0.71	0.63	0.56
1.02	1.24	1.02	0.88	0.78	0.70
1.22	1.78	1.48	1.27	1.12	1.00
1.42	2.43	2.02	1.73	1.52	1.37
1.63	3.17	2.64	2.26	1.99	1.78
1.83	4.02	3.34	2.86	2.52	2.26
2.03	4.96	4.12	3.53	3.11	2.79
2.34	6.00	4.98	4.27	3.76	3.37

5 管材理论重量

5.1 水、煤气输送钢管理论重量

水、煤气输送钢管理论重量

公称口径		外径/mm	普通管		加厚管	
/mm	/in		壁厚/mm	理论重量(不计管接头)/(kg/m)	壁厚/mm	理论重量(不计管接头)/(kg/m)
6	1/8″	10	2.00	0.39	2.50	0.46
8	1/4″	13.5	2.25	0.62	2.75	0.73
10	3/8″	17	2.25	0.82	2.75	0.93
15	1/2″	21.25	2.75	1.25	3.25	1.44
20	3/4″	26.75	2.75	1.63	3.5	2.01
25	1″	33.5	3.25	2.42	4.0	2.91
32	1¼″	42.25	3.25	3.13	4.0	3.77
40	1½″	48	3.50	3.83	4.25	4.58
50	2″	60	3.50	4.88	4.5	6.16

（续）

公称口径		外径/mm	普通管		加厚管	
/mm	/in		壁厚/mm	理论重量(不计管接头)/(kg/m)	壁厚/mm	理论重量(不计管接头)/(kg/m)
70	2½″	75.5	3.75	6.64	4.5	7.88
80	3″	88.5	4.00	8.34	4.75	9.81
100	4″	114	4.00	10.85	5.0	13.44
125	5″	140	4.50	15.04	5.5	18.24
150	6″	165	4.50	17.81	5.5	21.63

5.2 热轧无缝钢管理论重量

热轧无缝钢管理论重量

外径/mm	壁厚/mm												
	2.5	2.8	3	3.5	4	4.5	5	5.5	6	7	8	9	10
	钢管理论重量/(kg/m)												
32	1.76	2.02	2.15	2.46	2.76	3.05	3.33	3.59	3.85	4.30	4.74		
38	2.19	2.43	2.59	2.98	3.35	3.72	4.07	4.41	4.74	5.35	5.92		
42	2.44	2.70	2.89	3.35	3.75	4.16	4.56	4.95	5.33	6.04	6.71	7.32	7.88

（续）

外径/mm	壁厚/mm												
	2.5	2.8	3	3.5	4	4.5	5	5.5	6	7	8	9	10
	钢管理论重量/(kg/m)												
45	2.62	2.91	3.11	3.58	4.04	4.49	4.93	5.36	5.77	6.56	7.30	7.99	8.63
50	2.93	3.25	3.48	4.01	4.54	5.05	5.55	6.04	6.51	7.42	8.29	9.10	9.86
54			3.77	4.36	4.93	5.49	6.04	6.58	7.10	8.11	9.08	9.99	10.85
57			4.00	4.62	5.23	5.83	6.41	6.99	7.55	8.63	9.67	10.65	11.59
60			4.22	4.88	5.52	6.16	6.78	7.39	7.99	9.15	10.26	11.32	12.33
63.5			4.48	5.18	5.87	6.55	7.21	7.87	8.51	9.75	10.95	12.10	13.19
68			4.81	5.57	6.31	7.05	7.77	8.48	9.17	10.53	11.84	13.10	14.30
70			4.96	5.74	6.51	7.27	8.01	8.75	9.47	10.88	12.23	13.54	14.80
73			5.18	6.00	6.81	7.60	8.33	9.16	9.91	11.39	12.82	14.21	15.54
76			5.40	6.26	7.10	7.93	8.75	9.50	10.36	11.91	13.42	14.37	16.28
83				6.86	7.79	8.71	9.62	10.51	11.39	13.12	14.80	16.42	18.00
89				7.38	8.38	9.38	10.36	11.33	12.28	14.16	15.98	17.76	19.48
95				7.90	8.98	10.04	11.10	12.14	13.17	15.19	17.16	19.09	20.96
102				8.50	9.67	10.82	11.96	13.00	14.21	16.40	18.55	20.64	22.69
108					10.26	11.49	12.70	13.00	15.09	17.44	19.23	21.97	24.17
114					10.85	12.15	13.44	14.72	15.98	18.47	20.91	23.31	25.65

（续）

外径/mm	壁厚/mm												
	2.5	2.8	3	3.5	4	4.5	5	5.5	6	7	8	9	10
	钢管理论重量/(kg/m)												
121					11.54	12.93	14.30	15.67	17.02	19.68	22.29	24.86	27.37
127					12.13	13.59	15.04	16.48	17.90	20.72	23.48	26.19	28.85
133					12.73	14.26	15.78	17.29	18.70	21.75	24.68	27.52	30.33
140						15.04	16.65	18.24	19.83	22.96	26.04	29.08	32.06
146						15.70	17.39	19.06	20.72	24.00	27.23	30.41	33.54
152						16.37	18.13	19.87	21.60	25.03	28.41	31.74	35.02
159						17.15	18.99	20.82	22.64	26.24	29.79	33.29	36.75
168							20.10	22.04	23.97	27.79	31.57	35.29	38.97
180							21.59	23.70	25.82	29.87	33.93	37.95	41.92
194							23.31	25.60	27.82	32.28	36.70	41.06	45.38
203									29.14	33.83	38.47	43.05	47.59
219									31.52	36.60	41.63	46.61	51.54
245										41.09	46.76	52.38	57.95
273										45.92	52.28	58.60	64.86
299											57.41	64.37	71.27
325											62.54	70.14	77.68

5.3 冷拔(冷轧)无缝钢管理论重量

冷拔(冷轧)无缝钢管理论重量

外径/mm	壁厚/mm											
	1.6	1.8	2.0	2.2	2.5	2.8	3.0	3.2	3.5	4.0	4.5	5.0
	钢管理论重量/(kg/m)											
25	0.925	1.03	1.13	1.24	1.39	1.53	1.63	1.72	1.86	2.07	2.28	2.47
28	1.040	1.16	1.28	1.40	1.57	1.74	1.85	1.96	2.11	2.37	2.61	2.84
29	1.076	1.22	1.33	1.47	1.63	1.83	1.92	2.02	2.20	2.47	2.72	2.96
30	1.120	1.25	1.38	1.51	1.70	1.88	2.00	2.12	2.29	2.56	2.83	3.05
32	1.200	1.34	1.48	1.62	1.76	2.02	2.15	2.28	2.46	2.76	3.05	3.33
34	1.280	1.43	1.58	1.72	1.94	2.15	2.29	2.43	2.63	2.96	3.27	3.58
36	1.360	1.53	1.68	1.83	2.07	2.29	2.44	2.59	2.81	3.16	3.50	3.82
38	1.440	1.61	1.78	1.94	2.19	2.43	2.59	2.75	2.93	3.35	3.72	4.07
40	1.520	1.69	1.87	2.05	2.31	2.56	2.74	2.91	3.15	3.55	3.94	4.32
42	1.600	1.79	1.97	2.16	2.44	2.70	2.89	3.07	3.32	3.75	4.16	4.56
44.5	1.650	1.88	2.10	2.26	2.59	2.89	3.07	3.25	3.54	4.00	4.44	4.87

（续）

外径/mm	壁厚/mm											
	1.6	1.8	2.0	2.2	2.5	2.8	3.0	3.2	3.5	4.0	4.5	5.0
	钢管理论重量/(kg/m)											
45	1.710	1.91	2.12	2.32	2.62	2.91	3.11	3.31	3.58	4.04	4.49	4.93
48	1.830	2.05	2.27	2.48	2.81	3.11	3.33	3.54	3.84	4.34	4.83	5.30
50	1.910	2.14	2.37	2.59	2.93	3.25	3.48	3.70	4.01	4.54	5.05	5.55
53	2.030	2.27	2.51	2.76	3.11	3.46	3.70	3.94	4.27	4.83	5.38	5.92
56	2.150	2.40	2.66	2.92	3.30	3.66	3.92	4.17	4.53	5.13	5.71	6.29
60	2.310	2.58	2.86	3.13	3.55	3.94	4.22	4.49	4.83	5.52	5.16	6.78
63	2.420	2.71	3.01	3.30	3.72	4.15	4.44	4.73	5.19	5.81	6.49	7.14
65	2.500	2.80	3.11	3.40	3.85	4.29	4.59	4.89	5.31	6.02	6.71	7.40
70	2.700	3.24	3.35	3.68	4.16	4.63	4.96	5.28	5.74	6.51	7.27	8.01
75	2.900	3.47	3.60	3.95	4.46	4.97	5.32	5.68	6.17	7.00	7.82	8.62
80	3.090	3.69	3.84	4.22	4.77	5.32	5.69	6.07	6.60	7.49	8.37	9.24
85	3.290	3.91	4.09	4.48	5.08	5.66	6.06	6.46	7.04	7.98	8.93	9.86
90	3.490	4.13	4.34	4.76	5.39	6.01	6.43	6.86	7.47	8.47	9.49	10.47
95	3.680	4.35	4.59	5.02	5.70	6.36	6.81	7.26	7.90	8.98	10.04	11.10

6 房屋建筑工程用图例及代号

6.1 土建工程

6.1.1 常用建筑材料图例

常用建筑材料图例

名　　称	图　　例	名　　称	图　　例
自然土壤		毛石	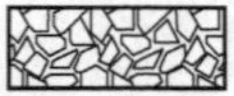
夯实土壤		普通砖	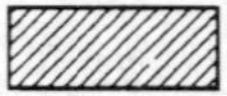
砂、灰土	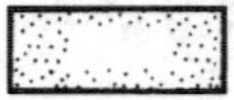	耐火砖	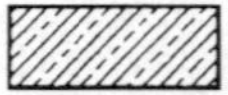
砂砾石、碎砖三合土	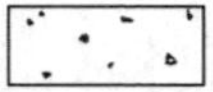	空心砖	
石材		饰面砖	

（续）

名　　称	图　　例	名　　称	图　　例
混凝土		金属	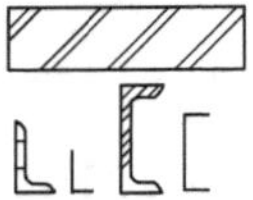
钢筋混凝土		网状材料	
焦渣、矿渣	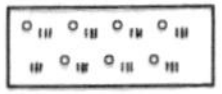	液体	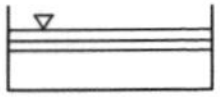
多孔材料	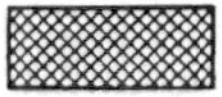	玻璃	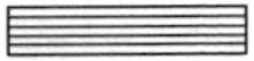
纤维材料		橡胶	
松散材料	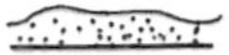	塑料	
木材	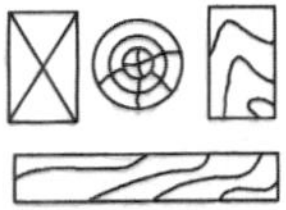	防水材料	
胶合板		粉刷	
石膏板	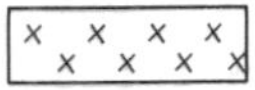		

6.1.2 常用建筑构造图例

常用建筑构造图例

名称	图例	名称	图例
底层楼梯	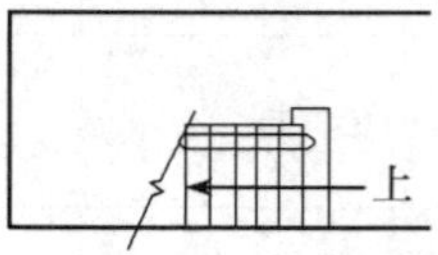	墙预留洞	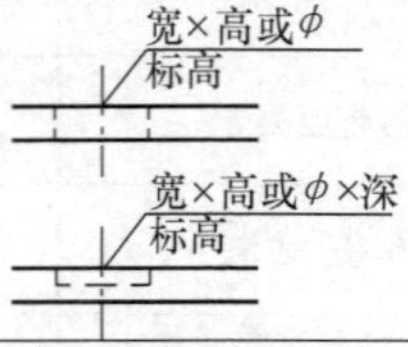
中间层楼梯	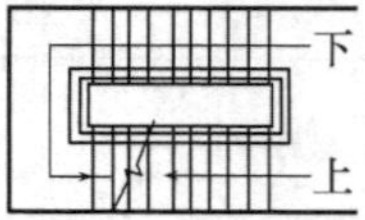	烟道	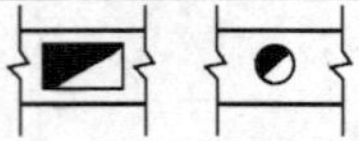
顶层楼梯	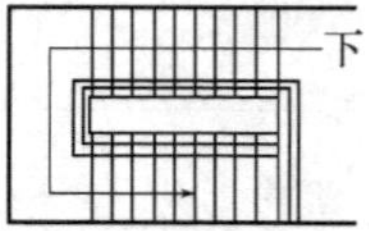	通风道	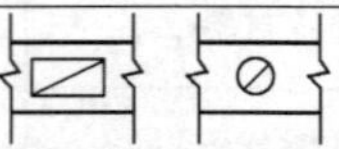
检查孔		新建的墙和窗	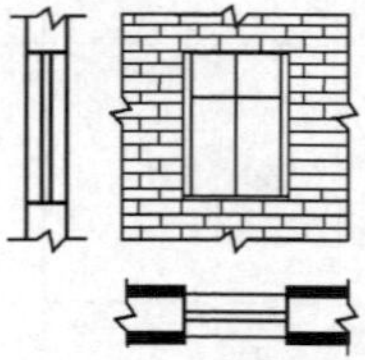
孔洞		空洞门	
		单扇门	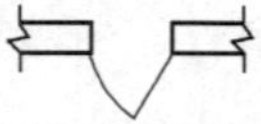

（续）

名　称	图　例	名　称	图　例
双扇门		左右推拉窗	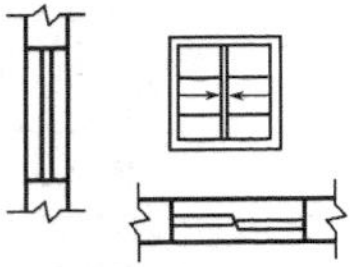
双扇推拉门			
单扇弹簧门		单层外开上悬窗	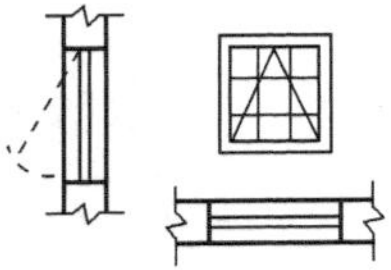
双扇弹簧门			
转门	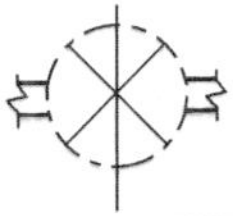	入口坡道	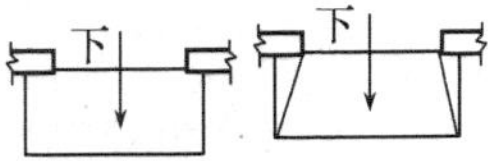
单层固定窗		桥式起重机	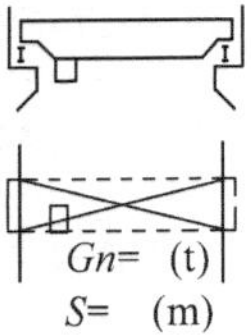
单层外开平天窗	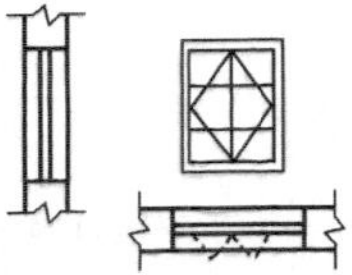	电梯	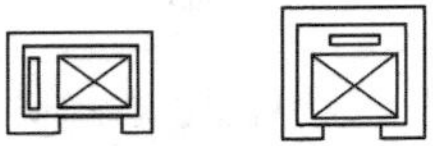

6.1.3 钢筋的一般表示方法

1. 一般钢筋表示方法

一般钢筋表示方法

序号	名　称	图　例	说　明
1	钢筋横断面		
2	无弯钩的钢筋端部		下图表示长、短钢筋投影重叠时，短钢筋的端部用45°斜画线表示
3	带半圆形弯钩的钢筋端部		—
4	带直钩的钢筋端部		—
5	带丝扣的钢筋端部		—
6	无弯钩的钢筋搭接		—
7	带半圆弯钩的钢筋搭接		—
8	带直钩的钢筋搭接		—
9	花篮螺丝钢筋接头	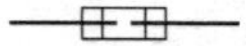	—
10	机械连接的钢筋接头		用文字说明机械连接的方式（如冷挤压或直螺纹等）

2. 钢筋网片

钢筋网片

序号	名　　称	图　　例
1	一片钢筋网平面图	
2	一行相同的钢筋网平面图	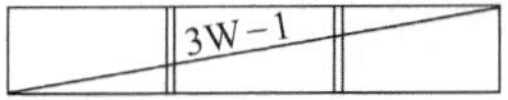

注：用文字注明焊接网或绑扎网片。

3. 普通钢筋种类、符号和强度标准值

普通钢筋种类、符号和强度标准值

种　　类		符号	直径/mm	强度标准值/(N/mm²)
热轧钢筋	HPB300(Q235)(或 HPB235)	Φ	8～20	235
	HRB335(20MnSi)	Φ	6～50	335
	HRB400(20MnSiV、20MnSiNb、20MnTi)	Φ	6～50	400
	RRB400(K20MnSi)	$Φ^R$	8～40	400

4. 钢筋配置表示法

钢筋配置表示法

序号	说　　明	图　　例
1	在结构平面图中配置双层钢筋时，底层钢筋的弯钩应向上或向左，顶层钢筋的弯钩则向下或向右	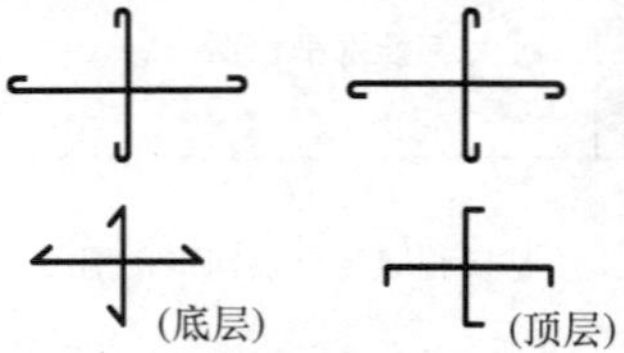
2	钢筋混凝土墙体配双层钢筋时，在配筋立面图中，远面钢筋的弯钩应向上或向左，而近面钢筋的弯钩应向下或向右(JM 近面；YM 远面)	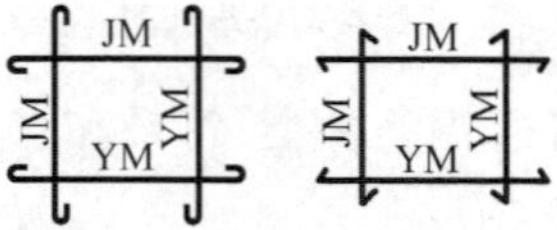
3	若在断面图中不能表达清楚的钢筋布置，应在断面图外增加钢筋大样图(如钢筋混凝土墙、楼梯等)	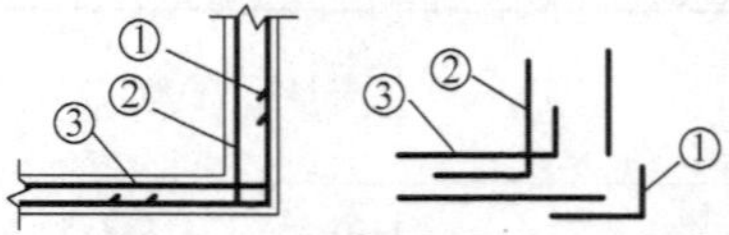
4	图中所表示的箍筋、环筋等若布置复杂时，可加画钢筋大样及说明	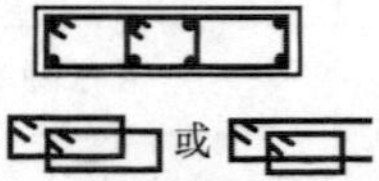
5	每组相同的钢筋、箍筋或环筋，可用一根粗实线表示，同时用一两端带斜短画线的横穿细线，表示其余钢筋及起止范围	

6.2 常用给水排水工程图例

常用给水排水工程图例

名称	图例	名称	图例
给水管	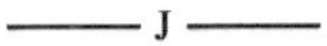	洗脸盆	
排水管		清扫口	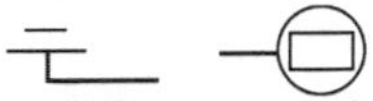 系统 平面
水龙头		止回阀	
室外消火栓		球阀	
通气帽	 成品 铅丝球	盥洗槽	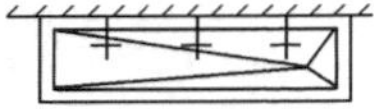
存水弯		方沿浴盆	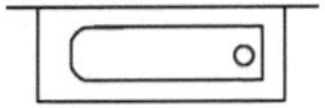
截止阀	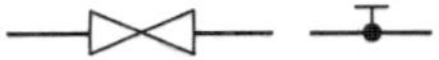 $DN \geqslant 50$ $DN < 50$	拖布盆	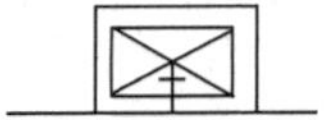

（续）

名　称	图　例	名　称	图　例
壁挂式小便器		地漏	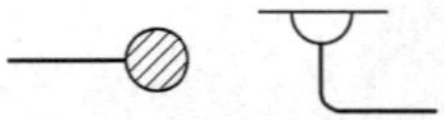
小便槽		自动冲水箱	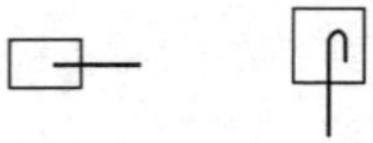
蹲式大便器	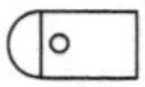	室内消火栓(双口)	
坐式大便器		水泵	
淋浴喷头		管道清扫口	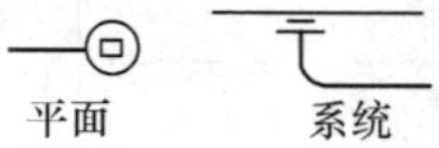
水泵接合器		室内消火栓(单口)	

6.3 常用电气工程

6.3.1 常用电气、照明和电信平面布置图例

常用电气、照明和电信平面布置图例

名　　称	图　　例	名　　称	图　　例
多种电源配电箱(屏)		荧光灯一般符号	
照明配电箱		三管荧光灯	
断路器		五管荧光灯	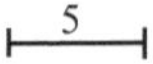
		防爆荧光灯	
隔离开关		暗装单相两线插座	
灯或信号灯的一般符号		暗装单相带接地插座	
防水防尘灯		暗装三相带地插座	

（续）

名称	图例	名称	图例
明装单相两线插座		室内分线盒	
明装单相带接地插座		单极拉线开关	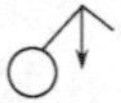
明装三相带接地插座		明装单极开关	
防爆三相插座		暗装单极开关	
向上配线		双极开关	
向下配线		暗装二极开关	
垂直通过配线		定时开关	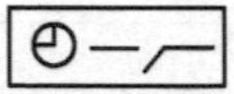
事故照明配电箱(屏)		钥匙开关	
壁龛交接箱			

6.3.2 常用电气设备文字符号

常用电气设备文字符号

设备、装置和元器件种类	举例		基本文字符号	
	中文名称	英文名称	单字母	双字母
组件部分	分离元件放大器 激光器 调节器	Amplifier using discrete components Laser Regulator	A	
	本表其他地方未提及的组件、部件			
	电桥	Bridge		AB
	晶体管放大器	Transistor amplifier		AD
	集成电路放大器	Integrated circuit amplifir		AJ
	磁放大器	Magnetic amplifier		AM
	电子管放大器	Valve amplifier		AV
	印制电路板	Printed circuit board		AP
	抽屉柜	Drawer		AT
	支架盘	Rack		AR
	天线放大器	Antenna amplifier		AA
	频道放大器	Channel amplifier		AC

（续）

设备、装置和元器件种类	举例		基本文字符号	
	中文名称	英文名称	单字母	双字母
组件部分	控制屏(台)	Control panel(desk)	A	AC
	电容器屏	Capacitor panel		AC
	应急配电箱	Emergency distribution box		AE
	高压开关柜	High voyage switch gear		AH
	前端设备	Headed equipment (Head end)		AH
	刀开关箱	Knife switch board		AK
	低压配电屏	Low voltage distribution panel		AL
	照明配电箱	Illumination distrbution board		AL
	线路放大器	Line amplifier		AL
	自动重合闸装置	Automatic recloser		AR
	仪表柜	Instrument cubicle		AS
	模拟信号板	Map(Mimic)borad		AS
	信号箱	Signal box(board)		AS
	稳压器	Stabilizer		AS
	同步装置	Syncronizer		AS
	接线箱	Connecting box		AW
	插座箱	Socket box		AX
	动力配电箱	Power distribution board		AP

6.4 通风空调工程

6.4.1 风道代号

风道代号

代　　号	风道名称	代　　号	风道名称
K	空调风管	H	回风管(一、二次回风可附加 1、2 区别)
S	送风管	P	排风管
X	新风管	PY	排烟管或排风、排烟共用管道

6.4.2 风道、阀门及附件图例

风道、阀门及附件图例

名　　称	图　　例	附　　注
砌筑风道、烟道	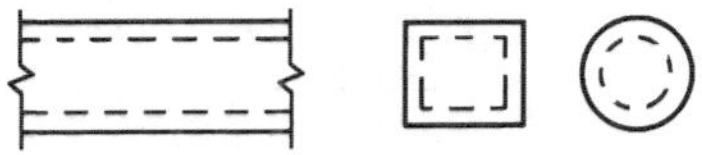	其余均为：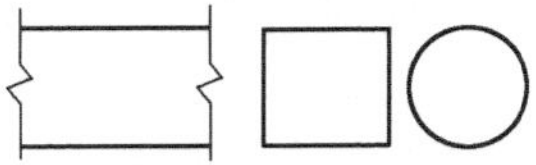
带导流片弯头	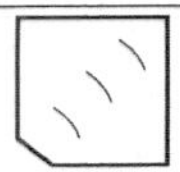	

（续）

名　　称	图　　例	附　　注
消声器消声弯管	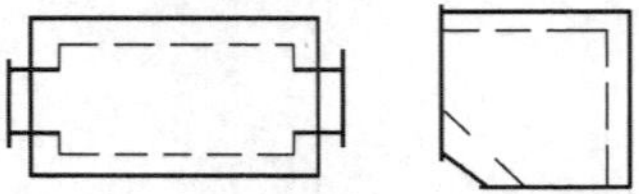	也可表示为：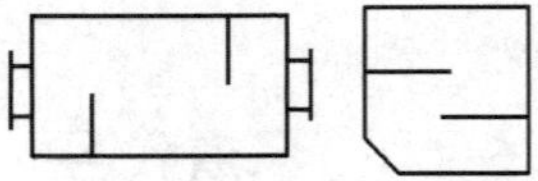
插板阀	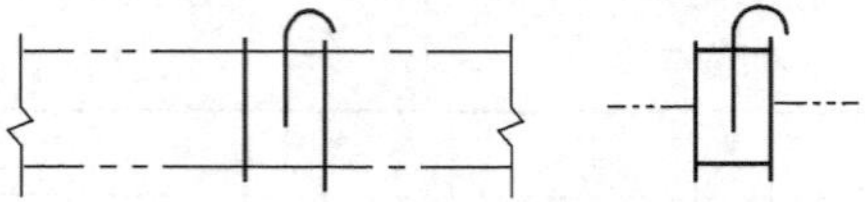	
天圆地方	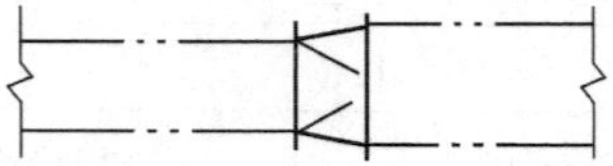	左图为接矩形风管，右图为接圆形风管
蝶阀	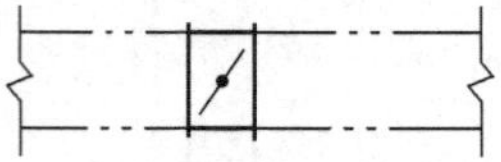	
对开多叶调节阀	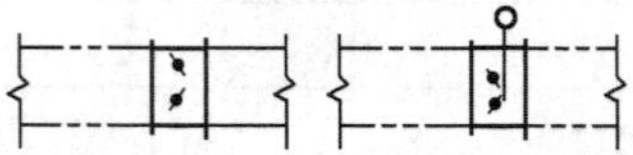	左图为手动，右图为电动
风管止回阀	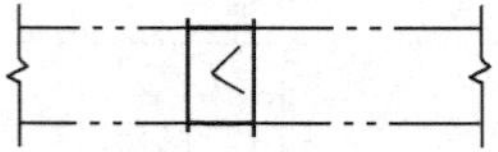	

（续）

名　　称	图　　例	附　　注
三通调节阀	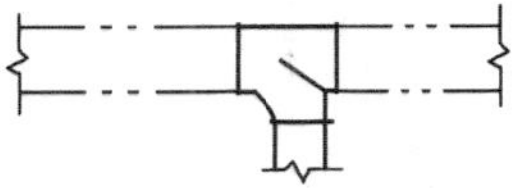	
防火阀	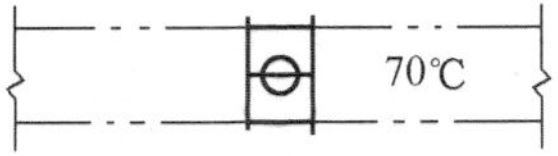	表示70℃动作的常开阀 若因图面小，可表示为：70℃，常开 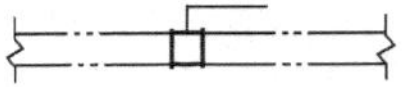
排烟阀	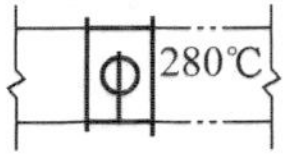 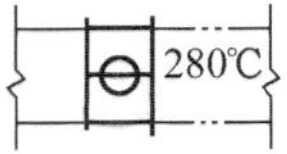	左图为280℃动作的常闭阀，右图为常开阀。若因图面小，表示方法同上
软接头	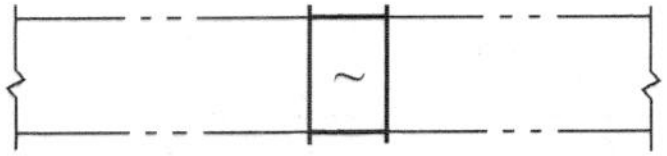	也可表示为：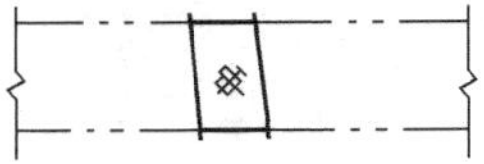
软管	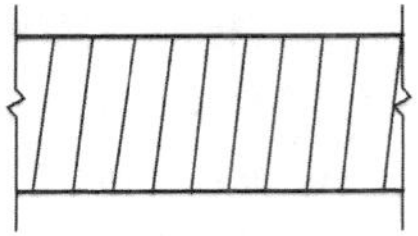 或光滑曲线（中粗）	
风口（通用）	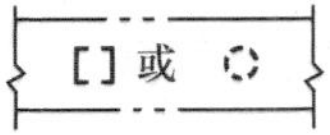 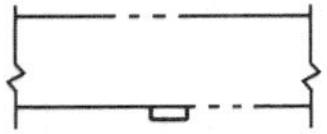	

（续）

名　　称	图　　例	附　　注
气流方向		左图为通用表示法，中图为表示送风，右图为表示回风
百叶窗		

6.4.3　水、汽管道代号

水、汽管道代号

代号	管道名称	备　　注
R	（供暖、生活、工艺用）热水管	1. 用粗实线、粗虚线区分供水、回水时，可省略代号 2. 可附加阿拉伯数字 1、2 区分供水、回水 3. 可附加阿拉伯数字 1、2、3…表示一个代号、不同参数的多种管道
Z	蒸汽管	需要区分饱和、过热、自用蒸汽时，可在代号前分别附加 B、G、Z
N	凝结水管	

（续）

代号	管道名称	备　注
P	膨胀水管、排污管、排气管、旁通管	需要区分时，可在代号后附加一位小写拼音字母，即 Pz、Pw、Pq、Pt
G	补给水管	
X	泄水管	
XH	循环管、信号管	循环管为粗实线，信号管为细虚线。不致引起误解时，循环管也可为“X”
Y	溢排管	
L	空调冷水管	
LR	空调冷/热水管	
LQ	空调冷却水管	
n	空调冷凝水管	
RH	软化水管	
CY	除氧水管	
YS	盐液管	
FQ	氟汽管	
FY	氟液管	

6.4.4 水、汽管道阀门和附件图例

水、汽管道阀门和附件图例

名　称	图　例	附　注
阀门(通用)、截止阀	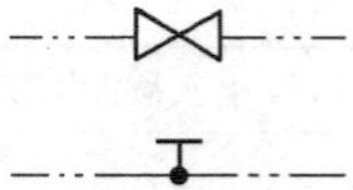	1. 没有说明时,表示螺纹连接 法兰连接时  焊接时  2. 轴测图画法 阀杆为垂直  阀杆为水平 
闸阀		
手动调节阀		
球阀、转心阀		
蝶阀	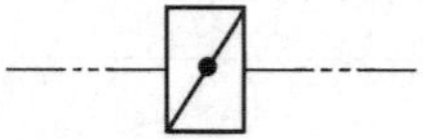	
角阀	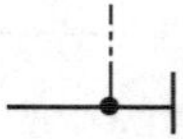 或 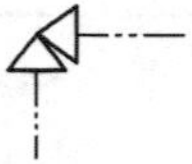	

（续）

名　称	图　例	附　注
平衡阀		
三通阀	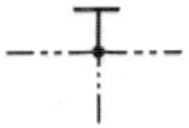 或 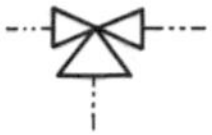	
四通阀	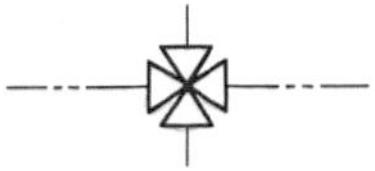	
节流阀		
膨胀阀	 或 	也称“隔膜阀”
旋塞	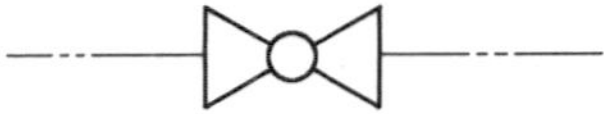	
快放阀		也称快速排污阀
止回阀	 或 	左图为通用，右图为升降式止回阀，流向同左。其余同阀门类推

（续）

名　称	图　例	附　注
减压阀	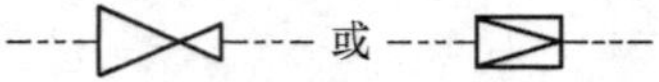	左图小三角为高压端，右图右侧为高压端。其余同阀门类推
安全阀		左图为通用，中图为弹簧安全阀，右图为重锤安全阀
疏水阀	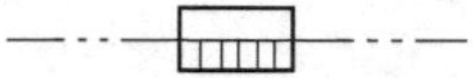	在不致引起误解时，也可用  表示，也称“疏水器”
浮球阀	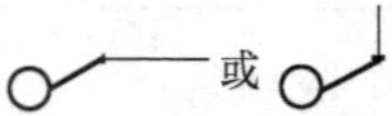	
集气罐、排气装置	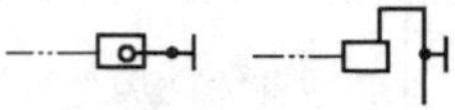	左图为平面图
自动排气阀		
除污器（过滤器）	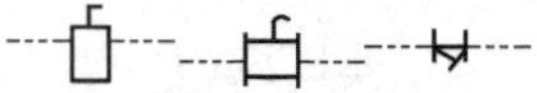	左图为立式除污器，中图为卧式除污器，右图为Y形过滤器
节流孔板、减压孔板	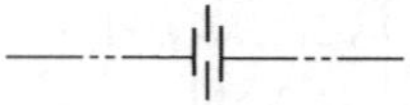	在不致引起误解时，也可用 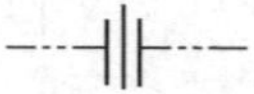

（续）

名　称	图　例	附　注
补偿器		也称“伸缩器”
矩形补偿器	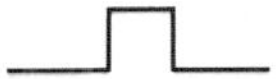	
套管补偿器	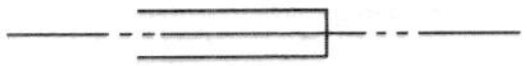	
波纹管补偿器		
弧形补偿器		
球形补偿器		
变径管异径管	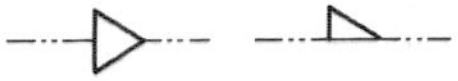	左图为同心异径管，右图为偏心异径管
活接头		

（续）

名　称	图　例	附　注
法兰	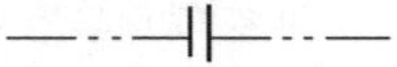	
法兰盖	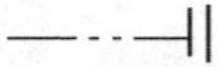	
丝堵		也可表示为：
可屈挠橡胶软接头		
金属软管		也可表示为：
绝热管	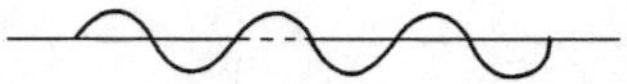	
保护套管	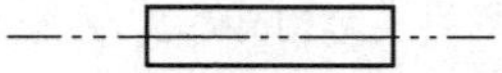	
伴热管	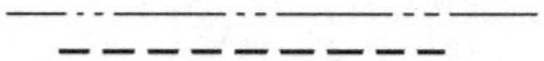	

（续）

名　　称	图　　例	附　　注
固定支架	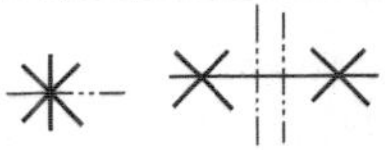	
介质流向	 或 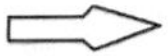	在管道断开处时，流向符号宜标注在管道中心线上，其余可同管径标注位置
坡度及坡向	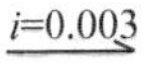 或 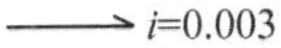	坡度数值不宜与管道起、止点标高同时标注。标注位置同管径标注位置

6.4.5　暖通空调设备图例

暖通空调设备图例

名　　称	图　　例	附　　注
散热器及手动放气阀	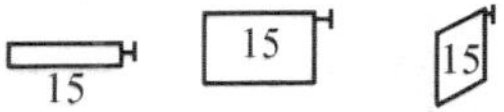	左图为平面图画法，中图为剖面图画法，右图为系统图、Y 轴测图画法
散热器及控制	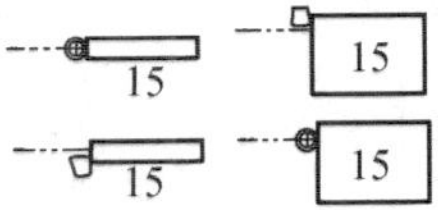	左图为平面图画法，右图为剖面图画法

（续）

名　称	图　例	附　注
轴流风机	 或 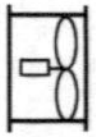	
离心风机		左图为左式风机，右图为右式风机
水泵		左侧为进水，右侧为出水
空气加热、冷却器		左、中图分别为单加热、单冷却，右图为双功能换热装置
板式换热器	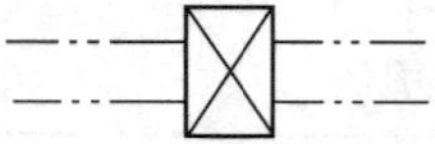	
空气过滤器	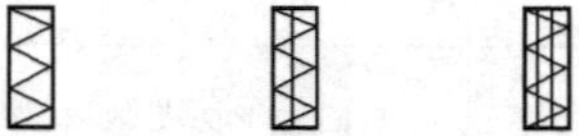	左图为粗效，中图为中效，右图为高效
电加热器		
加湿器	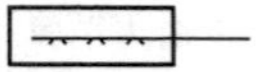	

（续）

名　　称	图　　例	附　　注
挡水板		
窗式空调器		
分体空调器		
风机盘管	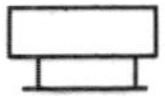	可标注型号：如 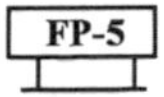
减振器		左图为平面图画法，右图为剖面图画法